After Effects
影视后期特效制作教程

星星粒子片头效果

龙穿越水幕效果

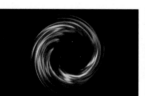
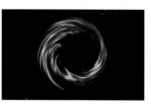
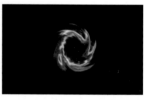

黑洞传送门效果

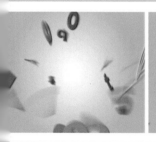

Adobe
After Effects
CC

飞舞的文字效果

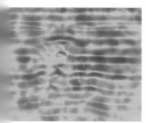
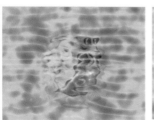
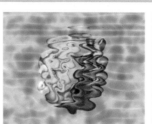

浮出水面的logo

变色的汽车

变脸动画

金属和玻璃字效果

晨雾下的沙滩

三维图层的使用和灯光投影

飞龙在天效果

指针转动

三维光环

快速旋转产生的气流效果

  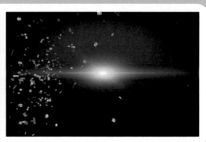

逐个打碎的文字

飞火流星传送效果

闪电logo的显现效果

飞机爆炸

带背景音乐的手写字效果

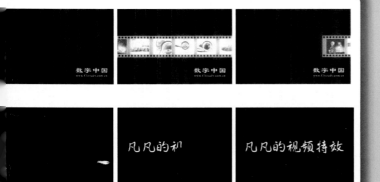

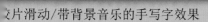

文片滑动/带背景音乐的手写字效果

飘动的白云效果

After Effects

影视后期特效制作教程

电视画面汇聚效果

模拟地震时的震动效果

下雨效果

群鸟飞过天空效果

水中倒影效果

水墨画效果

手写字效果

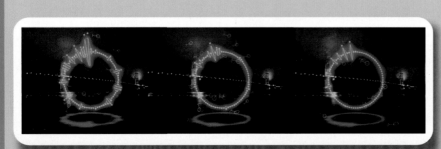

可视化音频效果

风景图片调色

电脑艺术设计系列教材

After Effects 影视后期
特效制作教程

张　凡　编著

设计软件教师协会　审

机 械 工 业 出 版 社

本书属于实例教程类图书。全书分为基础入门、基础实例、特效实例、高级技巧和综合实例 5 个部分，共 12 章。内容包括 After Effects CC 2018 的基础知识、After Effects CC 2018 的基本操作、色彩调整、蒙版效果、破碎效果、文字效果、动感光效、三维效果、变形效果、抠像与跟踪、表达式，以及影视广告片头和特效制作。本书将艺术设计理念和计算机制作技术结合在一起，系统全面地介绍了 After Effects CC 2018 的使用方法和技巧，展示了 After Effects 软件的无穷魅力，旨在帮助读者用较短的时间掌握该软件。

本书通过网盘（获取方式见封底）提供大量高清晰度教学视频文件，以及所有实例的素材和源文件，供读者学习时参考。

本书既可作为本、专科院校艺术类专业师生或相关培训班的教材，也可作为平面设计和影视制作爱好者的自学参考用书。

本书配有授课电子课件，需要的教师可登录 www.cmpedu.com 免费注册，审核通过后下载，或联系编辑索取（微信：13146070618，电话：010-88379739）。

图书在版编目（CIP）数据

After Effects 影视后期特效制作教程 / 张凡编著. —北京：机械工业出版社，2023.2
（2025.1 重印）

电脑艺术设计系列教材

ISBN 978-7-111-72226-7

Ⅰ . ① A… Ⅱ . ①张… Ⅲ . ①图像处理软件－教材 Ⅳ . ① TP391.413

中国版本图书馆 CIP 数据核字 (2022) 第 235424 号

机械工业出版社（北京市百万庄大街 22 号 邮政编码 100037）

| 策划编辑：郝建伟 | 责任编辑：郝建伟 王 斌 |
| 责任校对：潘 蕊 王明欣 | 责任印制：李 昂 |

北京捷迅佳彩印刷有限公司印刷

2025 年 1 月第 1 版第 2 次印刷

184mm×260mm · 19 印张 · 2 插页 · 470 千字

标准书号：ISBN 978-7-111-72226-7

定价：79.00 元

电话服务	网络服务
客服电话：010-88361066	机 工 官 网：www.cmpbook.com
010-88379833	机 工 官 博：weibo.com/cmp1952
010-68326294	金 书 网：www.golden-book.com
封底无防伪标均为盗版	机工教育服务网：www.cmpedu.com

前　言

近年来，随着图形图像处理技术的迅速发展，电影、电视剧相关的影视制作技术有了长足的进步，同时也带动了影视后期特效制作技术的发展。After Effects 作为一款优秀的视频后期合成软件，已被广泛应用于影视和广告制作。另外，国内传媒行业的快速发展，也使得影视制作从业人员的需求量不断增加。

本书由设计软件教师协会 Adobe 分会组织编写。编委会由 Adobe 授权专家委员会专家、各高校多年从事 After Effects 教学的教师及优秀的一线设计人员组成。本书通过大量的精彩实例，将艺术设计理念和计算机制作技术结合在一起，全面讲述了 After Effects CC 2018 的使用方法和技巧。

与之前的版本相比，本书添加了可视化音频效果、快速旋转产生的气流效果、飞火流星传送效果、闪电 logo 的显现效果和星星粒子片头效果等一批与实际应用结合得更加紧密的实例。

本书最大的亮点就是为了便于读者学习，所有实例均配有多媒体教学视频。

本书属于实例教程类图书，旨在帮助读者用较短的时间掌握 After Effects 软件的使用。本书分为 5 个部分，共 12 章，每章均有"本章重点"和"课后练习"，帮助读者学习该章内容，并进行相应的操作练习。每个实例都包括要点和操作步骤两部分，对于步骤过多的实例还配有制作流程的介绍，帮助读者理清思路。

本书内容丰富，结构清晰，实例典型，讲解详尽，富有启发性。书中的实例是由多所高校（北京电影学院、北京师范大学、中央美术学院、中国传媒大学、北京工商大学传播与艺术学院、首都师范大学、首都经贸大学、天津美术学院、天津师范大学艺术学院等）具有丰富教学经验的优秀教师和有丰富实践经验的一线制作人员，从多年的教学和实际工作中总结出来的。

为了便于读者学习，本书通过网盘（获取方式见封底）提供大量高清晰度教学视频文件，以及所有实例的素材和源文件，供读者学习时参考。

本书可作为本、专科院校艺术类专业或相关培训班的教材，也可作为平面设计和影视制作爱好者的自学或参考用书。

由于编者水平有限，书中难免有不妥之处，敬请读者批评指正。

编　者

目 录

第 2 部分　基础实例

第 3 部分　特效实例

第4部分 高级技巧

第5部分 综合实例

第1部分　基础入门

■ 第 1 章　After Effects CC 2018 的基础知识
■ 第 2 章　After Effects CC 2018 的基本操作

第1章 After Effects CC 2018的基础知识

本章重点：

After Effects CC 2018 是一款优秀的视频特效软件。在学习该软件之前，先要对 After Effects CC 2018 及其相关基础理论有一个整体和清晰的认识。本章将详细讲解 After Effects CC 2018 及视频的相关基础知识。

1.1 After Effects CC 2018简介

After Effects CC 2018 是一款用于高端视频特效系统的专业特效合成软件，它借鉴了许多优秀软件的成功之处，将视频特效合成技术提升到了一个新的高度。

Photoshop 层概念的引入，使 After Effects CC 2018 可以对多层的合成图像进行控制，制作出完美的视频合成效果；关键帧、路径等概念的引入，使 After Effects CC 2018 对高级二维动画的控制游刃有余；高效的视频处理系统，确保了高质量的视频输出；功能齐备的特技系统，使得 After Effects CC 2018 几乎能够实现使用者的一切创意。

After Effects CC 2018 保留了与 Adobe 其他图形图像软件的优秀的兼容性。在 After Effects CC 2018 中可以非常方便地调入 Photoshop、Illustrator 的层文件，也可以近乎完美地再现 Premiere 的项目文件，还可以调入 Premiere 的 EDL 文件。

1.2 初始化设置

After Effects CC 2018 软件的初始化设置是根据美国电视制式设置的，在我国国内使用的时候，需要重新进行设置。所谓的初始化是针对电视而言的，如果是为网页等其他的视频作品服务，则需要使用其他的初始化设置。

1.2.1 项目设置

在每次启动 After Effects CC 2018 时，系统会自动建立一个新项目。同时，会建立一个"Project（项目）"窗口。也可以选择"文件 (File) | 新建 (New) | 新建项目 (New Project)"命令，新建一个项目。

在每次工作之前，可以根据工作需要对项目进行一些常规性的设置。选择"文件 (File) | 项目设置 (Project Settings)"命令，在弹出的对话框中进行设置即可，如图 1-1 所示。

1) 时间码 (Timecode)：用于设置时间位置的基准，表示每秒放映的帧数。例如，选择 25 帧/秒，即每秒放映 25 帧。在一般情况下，电影胶片选择 24 帧/秒；PAL 或 SECAM 制式视频选择 25 帧/秒；NTSC 制式视频选择 30 帧/秒。

2) 帧数 (Frames)：按帧数计算。

3) 使用英尺数 + 帧数 (Use Feet+Frames)：用于胶片，计算 16 毫米和 35 毫米电影胶片每英寸的帧数。16 毫米胶片为 16 帧/英寸；35 毫米胶片为 40 帧/英寸。

4) 帧计数 (Frame Count)：仅在"帧数 (Frames)"或"使用英尺数 + 帧数 (Use Feet+ Frames)"方式下有效，表示计时的起始时间，数值框中输入的数值时间显示基数。

5)"颜色设置 (Color Settings)"选项组：用于对项目中所使用的色彩深度进行设置。在计算机上使用时，8bit/通道的色彩深度就可以满足要求。当有更高的画面要求时，可以选择 16bit/通道的色彩深度。在 16bit/通道的色彩深度项目下，可导入 16bit 图像进行高品质的影像处理，这对于处理电影胶片和高清晰度电视影片是十分重要的。当图像在 16bit 色的项目中导入 8bit 色图像进行特殊处理时，会导致一些细节的损失，系统会在其特效控制对话框中显示警告标志。

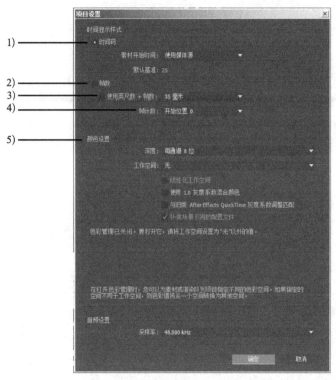

图 1-1　"项目设置 (Project Settings)"对话框

1.2.2　首选项设置

"首选项"中有很多类别可用于对 After Effects CC 2018 进行自定义设置，这里只列出初始化时需要调整的项目。

在"导入 (Import)"类别中，将"序列素材 (Sequence Footage)"的导入方式改为 25 帧/秒，如图 1-2 所示。

提示：我国电视标准是PAL-D制式，帧速率为25帧/秒。

在"媒体和磁盘缓存 (Media&Disk Cache)"类别中，可以设置"磁盘缓存 (Disk Cache)"和"媒体缓存 (Conformed Media Cache)"的大小，以及缓存文件放置的位置，如图 1-3 所示。默认"磁盘缓存 (Disk Cache)"为 6GB，如果计算机的内存和磁盘空间足够大，可以设置得更大。单击 清空磁盘缓存… (Empty Disk Cache) 按钮，可以清除磁盘缓存文件夹中的所有缓存文件。单击 清理数据库和缓存 (Clean Database&Cache) 按钮，可以清除数据和媒体缓存文件夹中的所有文件。

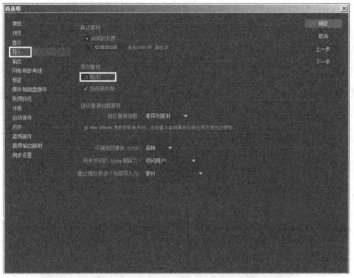

图 1-2　"导入 (Import)"类别设置

图 1-3　"媒体和磁盘缓存 (Media&Disk Cache)"类别设置

1.2.3　合成窗口设置

在 After Effects CC 2018 中，要在一个新项目中编辑、合成影片，首先要产生一个合成图像。在合成图像时，通过使用各种素材进行编辑、合成。合成的图像就是将来输出的成片。

合成图像以时间和层的方式工作。合成图像中可以有任意多个层，After Effects CC 2018 还可以将一个合成图像添加到另一个合成图像中作为层来使用。

当建立一个合成图像以后，会打开一个"合成 (Composition)"窗口以及与其相对应的"时间线 (Timeline)"窗口，如图 1-4 所示。After Effects CC 2018 允许在一个工作项目中同时运行若干个合成图像，而每个合成图像既可以独立工作，又可以嵌套使用。

图 1-4 "合成 (Composition)" 窗口和 "时间线 (Timeline)" 窗口

在项目中制作影片, 首先要建立一个合成图像。在建立合成图像时, 应该以最终输出的影片标准来进行设置。创建和设置合成图像的方法如下:

选择 "合成 (Composition) | 新建合成 (New Composition)" 命令 (快捷键为 〈Ctrl+N〉), 或者单击 "项目 (Project)" 窗口下方的 (新建合成) 按钮, 弹出 "合成设置 (Composition Settings)" 对话框, 如图 1-5 所示。

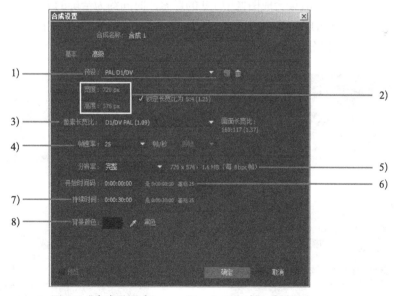

图 1-5 "合成设置 (Composition Settings)" 对话框

其中 "合成名称 (Composition Name)" 用于设置合成图像的名称。如果需要跨平台操作, 应保证文件名兼容 Windows 和 Mac OS。

"合成设置 (Composition Settings)" 对话框包括用于参数设置的 "基本 (Basic)" 和 "高级

（Advanced）"两个选项卡。

1. "基本（Basic）"选项卡

"基本（Basic）"选项卡中的主要参数含义如下。

1）预设（Preset）：可以在下拉列表中选择预制的影片设置。Adobe 提供了 NTSC、PAL 制式等标准电视规格，以及 HDTV（高清晰度电视）、胶片等常用的影片格式。也可以选择"自定义（Custom）"。

2）宽/高（Width/Height）：帧尺寸，用于设置合成图像的大小。After Effects CC 2018 以素材的原尺寸将其导入系统。因此，合成图像窗口分为显示区域和操作区域。显示区域即合成图像的大小，系统只播放显示区域内的影片。用户可以通过操作区域对素材进行缩放、移动、旋转等操作。After Effects CC 2018 支持从 (4×4) 到 (30000×30000) 像素的帧尺寸。可以通过在数值框中输入帧尺寸来设置显示区域的大小选中数值框右方的"锁定长宽比为 5∶4 (1.25)"复选框，按比例锁定帧尺寸的宽高比（也称作"纵横比"）。锁定比例为上一次设置的宽高比。

3）像素长宽比（Pixel Aspect Ratio）：用于设置合成图像的像素宽高比。可以在其右边的下拉列表中选择预置的像素比。

4）帧速率（Frame Rate）：用于设置合成图像的帧速率。

5）分辨率（Resolution）：分辨率以像素为单位决定图像的大小，它影响合成图像的渲染质量，分辨率越高，合成图像渲染质量就越好。在"图像合成设置"对话框中共有 4 种分辨率设置，分别如下。

● 完整（Full）：渲染合成图像中的每一个像素，质量最好，渲染时间最长。

● 二分之一（Half）：渲染合成图像中 1/4 的像素，时间约为全屏的 1/4。

● 三分之一（Third）：渲染合成图像中 1/9 的像素，时间约为全屏的 1/9。

● 四分之一（Quarter）：渲染合成图像中 1/16 的像素，时间约为全屏的 1/16。

如图 1-6 所示为不同分辨率下的效果。

a)

b)

c)

d)

图 1-6　不同分辨率下的效果
a) 完整（Full）　b) 二分之一（Half）　c) 三分之一（Third）　d) 四分之一（Quarter）

另外，还可以选择"自定义（Custom）"选项，在弹出的"自定义分辨率"对话框中指定分辨率。

6）开始时间码（Start Timecode）：用于设置合成图像的开始时间码。在默认情况下，合成图像从 0s 开始，可以在此数值框中输入一个时间。例如输入 0：00：04：00，则合成图像的起始时间为 4 秒（s）。

7）持续时间（Duration）：在此数值框中可以输入合成图像的持续时间长度。

8）背景颜色（Background Color）：用于设置合成图像的背景颜色。

2. "高级（Advanced）"选项卡

"高级（Advanced）"选项卡如图 1-7 所示。

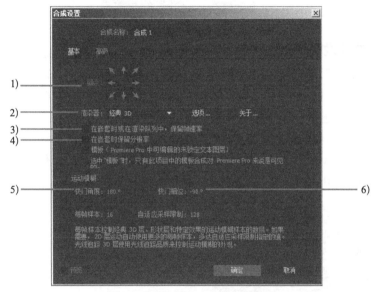

图 1-7　"高级（Advanced）"选项卡

"高级（Advanced）"选项卡中的主要参数含义如下。

1）锚点（Anchor）：当需要修改合成图像的尺寸时，中心点的位置决定了如何显示合成图像中的影片。

2）渲染器（Renderer）：该选项决定 After Effects CC 2018 在渲染时所使用的渲染引擎。

3）在嵌套时或在渲染队列中，保留帧速率（Preserve frame rate when nested or in render queue）：选中该复选框，则当前合成图像嵌套到另一个合成图像中后，仍然使用原来的帧速率；不选中该复选框，则当前合成图像嵌套到另一个合成图像中后，使用新合成图像的帧速率。

4）在嵌套时保留分辨率（Preserve resolution when nested）：选中该复选框，则当前合成图像嵌套到另一个合成图像后，使用新合成图像的帧分辨率。

5）快门角度（Shutter Angle）：决定当打开运动模糊效果后模糊量的强度。

6）快门相位（Shutter Phase）：决定运动模糊的方向。

单击"确定"按钮，关闭对话框，此时在"项目（Project）"窗口中出现了一个新的合成图像，同时打开了一个"合成（Composition）"窗口和与其相对应的"时间线（Timeline）"窗口。

在建立合成图像后，可对其设置重新进行修改。具体操作方法为：选择"合成（Composition）| 合成设置（Composition Settings）"命令，在弹出的"合成设置（Composition Settings）"对

话框中进行修改。

可将自定义的合成图像设置存储起来，以备重复使用。具体操作方法为：设置完成后，在"基本(Basic)"选项卡中单击█按钮，在弹出的对话框中输入设置名称，如图1-8所示，然后单击"确定"按钮，则以后可在"预置"中找到存储的自定义设置。

图1-8　输入设置名称

1.2.4　对素材进行设置

在"项目(Project)"窗口中选中要修改的素材，选择"文件(File) | 解释素材(Interpret Footage) | 主要(Main)"命令，弹出"解释素材(Interpret Footage)"对话框，如图1-9所示。在这里可以对选中的素材进行一些设置。

1) Alpha：用于对素材的 Alpha 通道进行设置。在 After Effects CC 2018 中导入带有 Alpha 通道的文件时，After Effects CC 2018 会自动识别该通道。如果 Alpha 通道未标记类型，将弹出"解释素材(Interpret Footage)"对话框，提示选择通道类型，如图1-10所示。

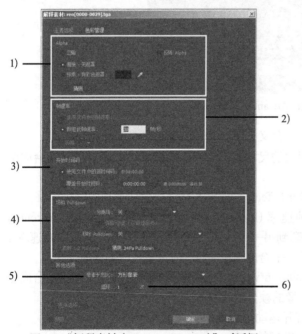

图1-9　"解释素材(Interpret Footage)"对话框

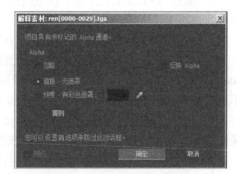

图1-10　提示选择通道类型

- 忽略(Ignore)：忽略透明信息。
- 直接-无遮罩(Straight-Unmatted)：将 Alpha 通道解释为"直接-无遮罩(Straight-Un-matted)"类型。如果用于生成素材的应用程序不能产生"直接(Straight)"类型的 Alpha 通道，则选中该单选按钮。

- 预乘 - 有彩色遮罩（Premultiplied-Matted With Color）：将 Alpha 通道解释为"预乘 - 有彩色遮罩（Premultiplied-Matted With Color）"类型。
- 猜测（Guess）：由系统决定 Alpha 通道类型，如果不能决定，则发出蜂鸣声。
- 反转 Alpha（Invert Alpha）：反转透明区域和不透明区域。

提示：解释 Alpha 通道非常重要，解释的正确与否将直接影响影片的输出质量。例如，经常有人提到："使用 Illusion（一个非常方便的粒子制作软件）制作的很漂亮的发光粒子文件，为什么导入到 After Effects CC 2018 中后粒子外面会笼罩着一层黑色？"其实，只需要将 Alpha 通道解释为"预乘 - 有彩色遮罩（Premultiplied-Matted With Color）"类型，问题就解决了。

2）帧速率（Frame Rate）：用于改变动画素材的帧速率。选中"假定此帧速率（Assume this frame rate）"单选按钮，则可以输入新的帧速率。

3）开始时间码（Start Timecode）：用于设置合成图像的开始时间码。

4）场和 Pulldown（Fields and Pulldown）：在该选项组中可以对素材的场设置进行调整。在使用视频素材时，会遇到交错视频场的问题，严重影响最后的合成质量。在 After Effects CC 2018 中，对场控制提供了一整套的解决方案。

解决交错视频场的最佳方案是分离场。After Effects CC 2018 可以将下载到计算机中的视频素材进行场分离。方法是从每个场中产生一个完整帧再分离视频场，并保存原始素材中的全部数据。在对素材进行缩放、旋转和效果等加工时，场分离是极为重要的。After Effects CC 2018 通过场分离将视频中两个交错帧转换为非交错帧，并最大限度地保留图像信息。使用非交错帧是 After Effects CC 2018 在工作中实现最佳效果的前提。

可以在"分离场（Separate Fields）"下拉列表中选择场顺序，如图 1-11 所示。

图 1-11　选择场顺序

图 1-11 中，"高场优先（Upper Field First）"就是奇场优先；"低场优先（Lower Field First）"就是偶场优先。在隔行扫描时，如果先扫描屏幕的奇数行再扫描偶数行就是"高场优先（Upper Field First）"。不同的硬件设备，隔行扫描的顺序会有所不同，因此，从不同的视频采集卡中采集到的含有场的视频文件，既有可能是奇场优先，也有可能是偶场优先，这种现象在使用模拟方式的采集卡时很常见。

在 After Effects CC 2018 中，要判断一个视频文件是奇、偶场优先，可以使用"预测"的方法。具体操作过程如下：在"项目（Project）"窗口中选中该文件。然后选择"文件（File）| 解释素材（Interpret Footage）| 主要（Main）"命令（快捷键为〈Ctrl+F〉），弹出"解释素材（Interpret Footage）"对话框，在"场分离"下拉列表中选择"高场优先（Upper Field First）"选项，单击"确定"按钮。接着在"项目（Project）"窗口中按住〈Alt〉键，同时双击该文件，打开素材预览窗口，再在素材预览窗口中拖动时间滑块，找到一段含有运动的画面。最后选择"窗口（Window）| 预览（Preview）"命令（快捷键为〈Ctrl+3〉），调出"预览（Preview）"面板，如图 1-12 所示。使用▶

(向前分析一帧) 按钮一帧一帧地对素材进行播放。如果画面中的运动区域都是朝着一个方向运动的,则该段视频是"高场优先 (Upper Field First)";如果运动区域一会向前一会向后,则该段视频是"低场优先 (Lower Field First)"。

图 1-12 "预览(Preview)"面板

5) 像素纵横比 (Pixel Aspect Ratio):像素纵横比 (见 1.3.2 节) 是指图像中一个像素的宽度与高度之比。帧纵横比则是指一帧图像的宽度与高度之比。

某些视频输出使用相同的帧纵横比,但可以使用不同的像素纵横比。例如,某些 NTSC 数字化压缩卡采用 4∶3 的帧纵横比,但使用方形像素 (1.0 像素纵横比) 及 640×480 像素的分辨率,D1 NTSC 采用 4∶3 的帧纵横比,但使用矩形像素 (0.9 像素纵横比) 及 720×486 像素的分辨率。

如果在一个显示方形像素的显示器上不做处理地显示矩形像素,则会出现变形现象。如图 1-13 所示,从左到右分别为 1∶1 像素纵横比、4∶3 帧纵横比和 16∶9 帧纵横比。

图 1-13 不同纵横比显示的图像

6) 循环 (Loop):当素材的持续时间短于合成图像的总时间时,After Effects CC 2018 可以对视频素材进行循环播放。在"循环 (Loop)"数值框中可以输入循环的次数。

1.2.5 渲染输出设置

合成好的影片往往会因为输出设置不当,得到质量较差的影片,所以渲染输出设置也是很重要的。下面首先来认识"渲染设置模板 (Render Settings Templates)"对话框。选择"编辑(Edit) | 模板 (Templates) | 渲染设置 (Render Settings)"命令,即可弹出该对话框,如图 1-14 所示。

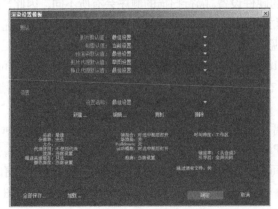

图 1-14 "渲染设置模板 (Render Settings Templates)"对话框

如果对 After Effects CC 2018 不是特别了解，最好按照"最佳设置（Best Settings）"进行操作，这样基本上可以保证合成后的影片不会有太大的技术问题。

单击"渲染设置模板（Render Settings Templates）"对话框中的 ▇▇编辑 ... 按钮，弹出"渲染设置（Render Settings）"对话框，如图 1-15 所示。下面以"品质（Quality）"为"最佳（Best）"为例，说明渲染设置的具体情况。

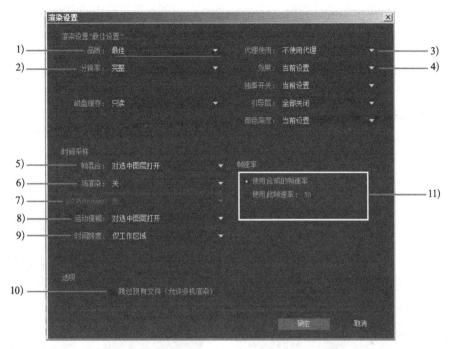

图 1-15　"渲染设置（Render Settings）"对话框

1）品质（Quality）：选择"最佳（Best）"选项，表示渲染时，素材的品质最高。一共有"最佳（Best）""草图（Draft）"和"线框（Wireframe）"3 个选项供用户选择，分别对应 After Effects CC 2018 中素材品质的 3 个档次。

2）分辨率（Resolution）：选择"完整（Full）"表示渲染时，将使用最高分辨率。"完整（Full）""二分之一（Half）""三分之一（Third）"和"四分之一（Quarter）"这 4 个选项对应的分辨率是依次降低的。另外，用户还可以选择"自定义（Custom）"选项，自行进行设置。

3）代理使用（Proxy Use）：询问是否使用代理，该选项可以由操作习惯来决定。

4）效果（Effects）：对当前代理使用情况的设置。选择"当前设置（Current Settings）"表示渲染时，保持当前滤镜的设置。

5）帧混合（Frame Blending）：帧融合的设置。选择"对选中图层打开（On for Checked Layers）"选项，表示渲染时，只针对检测到打开了"帧混合（Frame Blending）"开关的层进行帧融合处理。

6）场渲染（Field Render）：场渲染的设置，只有在渲染隔行扫描的视频文件时才会使用。

7）3：2Pulldown：在电视与电影视频进行转换时使用的一种方式。

8) 运动模糊 (Motion Blur)：运动模糊的设置。选择"对选中图层打开 (On for Checked Layers)"选项，表示渲染时，只针对检测到打开了"运动模糊 (Motion Blur)"开关的层进行运动模糊处理。

9) 时间跨度 (Time Span)：渲染时间范围的设置。在右侧下拉列表中选择"仅工作区域 (Work Area Only)"选项，表示只渲染工作区范围内的合成内容；选择"合成长度 (Length For Comp)"选项，将渲染全部"合成 (Composition)"时间长度范围内的内容。

10)"跳过现有文件 (Skip existing files)"复选框：选中该复选框，表示渲染时，如果文件已经存在则跳过不渲染。建议大多数情况下选中该复选框。

11) 帧速率 (Frame Rate)：选择"使用合成的帧速率 (Use comp's frame rate)"单选按钮，将使用当前"合成图像"的帧速率作为渲染结果的帧速率；选择"使用此帧速率 (Use this frame rate)"单选按钮，可以自定义帧速率，此时应将 30 帧/秒改为 25 帧/秒，以适应 PAL 制式。

选择"编辑 (Edit) | 模板 (Templates) | 输出模块 (Output Module)"命令，在弹出的如图 1-16 所示的对话框中单击 编辑... 按钮，打开"输出模块设置 (Output Module Settings)"对话框，如图 1-17 所示。

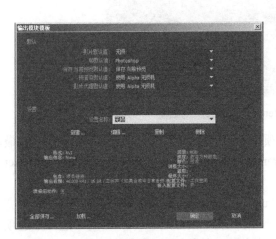

图 1-16 "输出模块模板 (Output Module Templates)"对话框

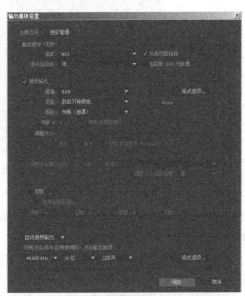

图 1-17 "输出模块设置 (Output Module Settings)"对话框

"格式 (Format)"下拉列表中有很多格式可供选择，在向广播级目标输出时，如果机器有硬件输出卡，可以选择"Windows Media"格式，然后单击 格式选项... 按钮，在弹出的对话框中即可看到机器的硬件输出卡显示在下拉列表中。如果没有硬件输出卡，则不要选择"Windows Media"，而应选择"Targa 序列"或"TIFF 序列"这种比较通用的图片序列格式。若选择"Targa 序列"，可在弹出的如图 1-18 所示的对话框中选择输出

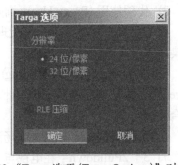

图 1-18 "Targa 选项 (Targa Options)"对话框

的分辨率。

如果要对渲染出来的图像进行再次合成，应选择"32 位 / 像素 (bits/pixle)"单选按钮，保留其中的"Alpha"通道；如果渲染的是最终结果，则应选择"24 位 / 像素 (bits/pixle)"单选按钮。"RLE 压缩 (RLE Compression)"是无损压缩，勾选后表示不会对图像有任何损伤。

1.3　视频基础知识

下面介绍一些视频制作的基础知识。

1.3.1　逐行扫描和隔行扫描视频

如果想把视频制作成可以在普通电视机中播放的格式，还需要对视频的帧频有所了解。非数字的标准电视机显示的都是逐行扫描的视频，在电子束接触到荧光屏的同时，会被投射到屏幕的内部，这些荧光成分会发出人类所能看到的光。在最初发明电视机的时候，荧光成分只能持续极短的时间，最后在电子束投射到画面的底部时，最上面的荧光成分已经开始变暗。为了解决这个问题，早期的电视机制造者设计了隔行扫描的系统。

也就是说，电子束最初是逐行隔开进行投射，然后再次返回，对中间忽略的光束进行投射。轮流投射的这两条线在电视信号中称为"上"扫描场 (奇场) 和"下"扫描场 (偶场)。因此，每秒显示 30 帧的电视实际上显示的是每秒 60 个扫描场。

在使用计算机制作动画时，为了制作出更自然的动作，必须使用逐行扫描的图像。Adobe Premiere 和 Adobe After Effects CC 2018 可以准确地完成这项工作。通常，只有在电视机上显示的视频中才会出现帧或者场的问题。如果在计算机上播放视频，因为显示器使用的是隔行扫描的视频信号，所以不会发生这种问题。

1.3.2　纵横比

纵横比指画面的宽高比。TV 显示器的纵横比一般为 4：3 或者 16：9。如果是计算机中使用的图形图像数据，像素的纵横比是一个正方形形态。电视 NTSC 制式是由 486 条扫描线和每条扫描线 720 个取样 (720×486 像素) 构成的。在 720 个取样中，由于信号的上升和消隐，实际上能够看到的只有 711 个。因此，当画面的构成比是 4：3 的时候，像素的纵横比为 $486/711 \times 4/3 = 0.911$。

所以，运行旋转圆的 DVE (交互式数字视频系统) 时，必须考虑像素的纵横比，使圆不会变成椭圆，而一直保持圆的形态。其关键是计算机和电视机之间的图像移动问题。因为计算机通常使用正方形的像素，所以必须要根据电视机来调整计算机的纵横比。

电影、SDTV 和 HDTV 具有不同的纵横比格式。SDTV 的纵横比是 4：3 或比值为 1.33；HDTV 和扩展清晰度电视 (EDTV) 的纵横比是 16：9 或比值为 1.78；电影的纵横比已从早期的 1.333 发展到宽银幕的 2.77。

1.3.3　播放制式

基带视频是一种简单的视频模拟信号，由视频模拟数据和视频同步数据构成，用于接收端正确地显示图像。信号的细节取决于应用的视频标准或者"制式"。世界上普遍使用 3 种电视制式，它们分别是：美国电视标准委员会 (National Television Standard Committee，NTSC) 制式、逐行倒相 (Phase Alternate Line，PAL) 制式和顺序传送与存储彩色电视系统 (SEquential

Couleur Avec Memoire，SECAM）制式，这 3 种制式之间存在一定的差异。在各个地区购买的摄像机或者电视机，以及其他一些视频设备，都会根据当地的标准来制作。但如果是要制作在国际上通用的视频，或者想在自己的作品上插入国外制作的内容，则必须要考虑制式的问题。虽然各种制式相互之间可以转换，但因为存在帧频和分辨率的差异，在品质方面仍存在一定的问题。表 1-1 所示为基本模拟视频制式的比较。

表 1-1　基本模拟视频制式的比较

播 放 制 式	国家或地区	水 平 线/线	帧 频/（帧/秒）
NTSC	美国、加拿大、日本、韩国、墨西哥	525	29.97
PAL	澳大利亚、中国大陆、欧洲各国	625	25
SECAM	法国、大部分非洲国家	625	25

1.3.4　场的概念

视频素材分为交错式和非交错式。当前大部分广播电视信号是交错式的，而计算机图形软件（包括 After Effects CC 2018）是以非交错式显示视频的。交错视频的每一帧由两个场（Field）构成，称为"上"扫描场和"下"扫描场，或奇场（Odd Field）和偶场（Even Field）。这些场依顺序显示在 NTSC 或 PAL 制式的监视器上，能产生高质量的平滑图像。

场以水平分隔线的方式保存帧的内容，在显示时先显示第一个场的交错间隔内容，然后再显示第二个场来填充第一个场留下的缝隙。每一个 NTSC 视频的帧大约显示 1/30 秒，每一场大约显示 1/60 秒，而 PAL 制式视频一帧的显示时间为 1/25 秒，每一个场为 1/50 秒。

在非交错视频中，扫描线是按从上到下的顺序全部显示的。计算机视频一般是非交错式的，电影胶片类似于非交错视频，它们是每次显示整个帧的。

如果在 After Effects CC 2018 中输出广播电视使用的交错视频产品，则要求在其他图像软件中不要进行场渲染或产生交错的视频素材，确保源素材在合成中的场顺序，以便 After Effects CC 2018 能正确地渲染。来自计算机的视频素材为非交错式能够最大限度地保持图像的质量，并在 After Effects CC 2018 的合成中省去分离场的过程。当然，当需要使用其他图像软件渲染一段素材时，可以用 50 帧/秒的帧渲染格式（非交错式）进行渲染，当导入到 After Effects CC 2018 中进行合成时，After Effects CC 2018 可以用高质量的场渲染方式产生广播级的 25 帧/秒的视频产品。最后需要输出的视频是交错式还是非交错式，则由它的最终用途来决定。如果用于广播电视，要输出成交错式的；如果在视频流或者在计算机上观看，要输出成非交错式的；如果是转成电影胶片，最好由专业的公司用专业的设备来完成。

1.3.5　SMPTE 时间码

视频素材的长度及其开始帧、结束帧，是由时间码单位和地址来度量的。时间码区别录像带的每一帧，以便在编辑和广播时进行控制。在编辑视频时，时间码可精确地找到每一帧，并同步图像和声音元素。SEPTE 以"小时:分钟:秒:帧"的形式确定每一帧的地址。

不同的 SMPTE 时间码标准用于不同的帧率（如电影、视频和电视工业标准），PAL 制式或采用的是 25 帧/秒的标准。NTSC 制式由于广播电视的技术原因，采用了 29.97 帧/秒的标准，而不是早期黑白电视使用的 30 帧/秒的标准，但 NTSC 制式的时间码仍采用 30 帧/秒，这就造成了实际播放和测量的时间长度有 0.1% 的差异。为了定位，由 SMPTE 时间码测量播放时间与实际播放时间之间的差异，开发出一个名为 Drop Frame（掉帧）的格式。多数视频编辑系统既装有掉帧，也装有不掉帧时间码格式。注意：用哪种格式记录视频资料，就用哪种格式编辑录像带，以便知道时间码所代表的真实时间。

1.3.6　数字视频

数字视频的形成过程是：先用摄像机之类的视频捕捉设备，将外界影像的颜色和亮度信息转变为电信号，然后将其记录到存储介质（如录像带）中。在播放时，视频信号被转变为帧信息，并以约 30 帧/秒的速度投影到显示器上，使人类的眼睛误认为它是连续不间断地运动着的。电影播放的帧率大约是 24 帧/秒。如果用示波器（一种测试工具）来观看，未投影的模拟电信号的山峰和山谷必须通过数字/模拟（D/A）转换器来转变为数字的"0"或"1"，这个转变过程就称为视频捕捉（或采集过程）。要在电视机上观看数字视频，则需要一个从数字到模拟的转换器，将二进制信息解码成模拟信号。

1. 模拟

传统的模拟摄像机是把实际生活中看到、听到的内容录制成模拟格式。如果用模拟摄像机或者其他模拟设备（使用录像带）进行制作，还需要能将模拟视频数字化的捕获设备，一般计算机中安装的视频捕获卡就具有这种作用。模拟视频捕捉卡有很多种，它们之间的差异表现在可以数字化的视频信号的类型、被数字化视频的品质等方面。Premiere 或者其他软件都可以进行数字化制作。一旦视频被数字化之后，就可以使用 Premiere、After Effects CC 2018 或者其他软件在计算机中进行编辑了。编辑结束以后，为了方便，也可以再次通过视频进行输出。在输出时，可以使用 Web 数字格式，或者 VHS、Beta-SP 等模拟格式。

2. 数字

随着数字摄像机价格的不断下调，其使用也越来越普及。使用数字摄像机可以把录制的视频保存为数字格式，然后将数字信息载入到计算机中进行制作。数码摄像机使用最广泛的数字格式为 DV 格式。将 DV 传送到计算机上要比模拟视频更加简单，因为视频保存方式已经被数字化了。所以，只需要一个连接计算机和数字摄像机的通路即可。最常见的连接方式就是使用 IEEE 1394 卡，当然，也可以通过其他方式连接，不过这个方法是最普通、最常用的。

1.3.7　编码解码器

编码解码器的主要作用是对视频信号进行压缩和解压缩。计算机工业定义通过 24 位测量系统的真彩色，这就定义了百万种颜色，接近人类视觉的极限。现在，最基本的 VGA 显示器有 640×480 像素。这意味着如果视频需要以 30 帧/秒的速度播放，则每秒要传输高达 27MB 的信息。在如此速度下，1GB 容量的硬盘仅能存储约 37 秒的视频信息。因而，必须对信息进行压缩处理。通过抛弃一些数字信息或精选出容易被人类的大脑和眼睛忽略的可视化信息的方法，使视频消耗的硬盘容量减小。这个视频压缩过程就要用到编码解码器。编码解码器的压缩率从 2∶1 到 100∶1 不等，使处理大量的视频数据成为可能。

如果用在数字多媒体上，解码器则包括视频解码器和音频解码器。数字媒体的图像和声音均使用特殊的软件编码格式，例如视频的 MPEG4，音频的 MP3、AC3、DTS 等，这些编码器可以将原始数据压缩存放。除此之外，还有一些专业的编码格式，一般家庭基本不会用到。为了在家用设备或者计算机上重放这些视频和音频，需要用到解码软件，一般称为插件。例如 MPEG4 解码插件 ffdshow、AC3 解码插件 ac3 filter 等。只有安装了各种解码插件，用户的计算机才能重放这些图像和声音。

1.3.8 帧频和分辨率

帧频指每秒显示的图像数 (帧数)。如果想让动作比较自然，每秒大约需要显示 10 帧。如果帧数小于 10，画面就会突起；如果帧数大于 10，播放的动作会更加自然。制作电影通常采用 24 帧/秒的帧频，制作电视节目通常采用 25 帧/秒的帧频。根据使用制式的不同，各国之间也略有差异。

影像的画质并不是只由帧频来决定的。分辨率是通过普通屏幕上的像素数来显示的，显示的形态是"水平像素数 × 垂直像素数"(例如 640×480 像素、800×600 像素)。在其他条件相同的情况下，分辨率越高，图像的画质就越好。当然，这也需要硬件条件的支持。

1.3.9 像素

像素 (Pixels) 是指形成图像的最小单位，如果把数码图像不断放大，就会看到，它是由小正方形的集合构成的。像素具有颜色信息，可以用 bit (比特) 来度量。像素分辨率是由像素含有几比特的颜色属性来决定的，例如，1 比特可以表现白色和黑色两种颜色；2 比特则可以表示 2^2 (即 4) 种颜色。通常所说的 24 位视频，是指具有 2^{24} (即 16777216) 个颜色信息的视频。

1.3.10 After Effects CC 2018所支持的常用文件格式

After Effects CC 2018 支持大部分视频、音频、图像及图形文件格式，还能将记录三维通道的文件调入进行修改。下面是 After Effects CC 2018 支持的文件格式。

- BMP：在 Windows 下显示和存储的位图格式。可简单地分为黑白、16 色、256 色和真彩色等形式。大多采用 RLE 进行压缩。
- AI：这是 Adobe Illustrator 的标准文件格式，是一种矢量图形格式。
- EPS：封装的 PostScript 语言文件格式。可以包含矢量图形和位图图像，几乎被所有的图形、示意图和页面排版程序所支持。EPS 格式用于在应用程序间传输 PostScript 语言线稿。在 Photoshop 中打开由其他应用程序创建的包含矢量图形的 EPS 文件时，Photoshop 会对此文件进行栅格化，将矢量图形转换为像素。
- JPG：用于静态图像标准压缩格式，支持上百万种颜色，不支持动画。
- GIF：8 位 (即 256 色) 图像文件，多用于网络传输，支持动画。
- PNG：作为 GIF 的免专利替代品，用于在 World Wide Web 上无损压缩和显示图像。与 GIF 不同的是，PNG 格式支持 24 位图像，产生的透明背景没有锯齿边缘。但是，一些早期版本的浏览器可能不支持 PNG 图像。PNG 格式支持带一个 Alpha 通道的 RGB、灰度模式和不带 Alpha 通道的位图、索引颜色模式。
- PSD：Photoshop 的专用存储格式，采用 Adobe 的专用算法。可以很好地配合 After

Effects CC 2018 进行使用。

- MOV：是 Macintosh 计算机上的标准视频格式，可以用 Quick Time 打开。
- TGA：是 Truevision 公司推出的文件格式。被国际上的图形、图像工业广泛接受，已经成为数字化图像、光线追踪和其他应用程序（如 3ds max）所产生的高质量图像的常用格式。TGA 属于一种图形、图像数据通用格式，大部分文件为 24 位或 32 位真彩色。由于它是专门为捕捉电视图像所设计的一种格式，所以，TGA 图像总是按行进行存储和压缩，从而使它成为计算机产生的高质量图像向电视转换的一种首选格式。
- AVI：是 Microsoft 公司制定的计算机标准视频格式。
- MP4：是高清视频 /HDV 的代表。全称为 MPEG-4 Part 14，是一种使用 MPEG-4 的多媒体计算机档案格式，扩展名为 .mp4，以存储数字音频及数字视频为主。
- WAV：将音频记录为波形文件的格式。
- RLA、RPF：是可以包括 3D 信息的文件格式，通常用于特效合成软件中的后期合成。该格式中可以包含对象的 ID 信息、Z 轴信息和法线信息等。RPF 可以比 RLA 包含更多的信息，是一种较先进的文件格式。
- SGI：是基于 SGI 平台的文件格式，可以用于 Combustion。
- Softimage：是 Softimage 中输入的可以包括 3D 信息的文件格式（文件扩展名为 PIC），其 3D 通道信息存放在 ZPIC 文件中。

1.4　课后练习

1. 填空题

(1) 在 After Effects CC 2018 的"项目设置（Project Settings）"对话框中，"时间码（Timecode）"决定了时间位置的基准,表示每秒播放的帧数。针对电影胶片应选用 _____ 帧/秒；PAL 或 SECAM 制式视频应选用 _____ 帧/秒；NTSC 制式视频选择帧模式为 _____ 帧/秒。我国电视标准是 _____ 制式，以 _____ 帧/秒作为帧速率。

(2) 在 After Effects CC 2018 的"合成设置（Composition Settings）"对话框中有 4 个分辨率选项，它们分别是 _____、_____、_____ 和 _____。

2. 选择题

(1) 在 After Effects CC 2018 中导入带有"Alpha"通道的文件时，将弹出"解释素材（Interpret Footage）"对话框，提示选择通道类型，下列哪个选项属于可选择的通道类型?（　　）

A. 忽略　　　　　　B. 猜测　　　　　C. 预乘 - 有彩色遮罩　　　　　D. 直接 - 无遮罩

(2) 下列哪些属于 After Effects CC 2018 所支持的常用文件格式?（　　）

A. AVI　　　　　　B. TGA　　　　　C. JPG　　　　　　　D. MOV

3. 简答题

(1) 简述场的概念。

(2) 简述帧频和分辨率的概念。

第2章　After Effects CC 2018的基本操作

本章重点：

本章将详细讲解 After Effects CC 2018 的基本操作及相关知识。通过本章的学习，读者应掌握 After Effects CC 2018 的基本操作。

2.1　初识After Effects CC 2018界面

选择"开始 | 程序 |After Effects CC 2018"命令，进入 After Effects CC 2018 操作界面。然后选择"文件（File）| 打开项目（Open Project）"命令，打开网盘中的"源文件 \ 第 5 部分综合实例 \ 第 12 章 影视广告片头和特效制作 \12.1 飞龙在天效果 \ 飞龙在天 .aep"文件，操作界面如图 2-1 所示。

图 2-1　After Effects CC 2018 操作界面

1. 主菜单

After Effects CC 2018 主菜单与标准的 Windows "文件"菜单的模式和用法相同，单击其中任意一个命令，都会出现供用户选择的下拉菜单。

2. "项目（Project）"窗口

"项目（Project）"窗口的功能是打开电影、静态、音频、固态层和项目文件等，如图 2-2 所示。可以把它看成在制作过程中所需基本元素的集中地。从"项目（Project）"窗口中把需要的素材拖动到"时间线（Timeline）"窗口或者"合成（Composition）"窗口中，就可以工作了。在"项目（Project）"窗口中，可以查看被打开文件的一般属性，只需要了解各种选项的作用就可以了。

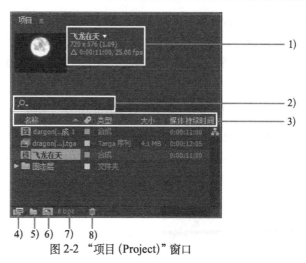

图 2-2　"项目 (Project)"窗口

1) 显示当前"合成(Composition)"设置值的有关信息。在这里可以查看工作区域的大小、时间，以及每秒播放的帧数等信息。

2) 查找：当"项目 (Project)"窗口中有很多文件时，会出现查找困难的情况。这时，在其中输入要查找的文件名，就可以轻松地找到所需的文件。

3) 这里显示的是选择文件的排列方式或打开文件的位置等。单击相应按钮，可以重新排列"项目 (Project)"窗口中的文件。排列顺序可以按照名称、文件种类或者文件大小等。

4) 定义素材：选择"项目 (Project)"窗口中的相关素材，然后单击该按钮，可以在弹出的如图 2-3 所示的对话框中对其进行重新设置。

5) 新建文件夹：当需要把"项目 (Project)"窗口中的图像或者视频分离、集中时，或者文件过多需要整理空间时，单击 图标，会在"项目 (Project)"窗口上生成新的文件夹，输入文件夹的名称，然后用鼠标拖动文件，就可以将其移动到新文件夹中。

6) 新建合成 ：单击 按钮后会弹出如图 2-4 所示的"合成设置（Composition Settings）"对话框，此时可对合成图像的时间和帧数重新进行设定。

图 2-3　"解释素材 (Interpret Footage)"对话框　　　图 2-4　"合成设置 (Composition Settings)"对话框

7) 这里显示的是当前正按照多少 bit（比特）的通道进行工作。After Effects CC 2018 使用 8bpc/通道或 16bpc/通道进行工作。

8) 删除选定文件：用于删除"项目（Project）"窗口中的文件。选定要删除的文件，然后单击 🗑 按钮即可删除该文件。

3. "字符（Character）"面板和"段落（Paragraph）"面板

在"字符（Character）"面板和"段落（Paragraph）"面板中，可以对文字的字体、尺寸、颜色、字间距、行距、字高、字宽，以及段落的各种属性进行编辑，"字符（Character）"面板和"段落（Paragraph）"面板如图 2-5 所示。

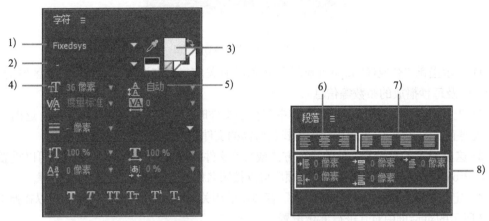

图 2-5 "字符（Character）"面板和"段落（Paragraph）"面板

1) 该部分用于选择字体。单击下拉列表框右侧的按钮，然后使用键盘上的上下箭头就可以选择字体了。

2) 根据字体的种类，显示出的内容有所不同，可以设置标准体、斜体等。

3) 该部分用于设定文字的颜色。单击该颜色块以后，会弹出可以设定颜色的"文本颜色（Text Color）"对话框，如图 2-6 所示。

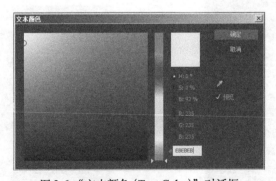

图 2-6 "文本颜色（Text Color）"对话框

4) 设置文字的大小。在此可以设置要使用的文字的大小，选择范围为 6 ~ 72px，如果需要更大的字体，可通过在数值框中输入具体数值来完成。

5) 设置行距：在加宽或者缩小文字行与行之间的间隔时使用。当只有一行的时候，该选项没有意义，即该选项只对两行以上的文字有效。

6) 段落整体对齐：该部分用于对整个段落进行▤（左对齐文本）、▤（居中对齐文本）和▤（右对齐文本）操作。

7) 末行对齐：该部分用于对末行进行▤（最后一行左对齐）、▤（最后一行居中对齐）、▤（最后一行右对齐）和▤（两端对齐）操作。

8) 段落缩进：该部分用于对段落进行▤（缩进左边距）、▤（缩进右边距）、▤（首行缩进）、▤（段前添加空格）和▤（段后添加空格）操作。

4."时间线（Timeline）"窗口

"时间线（Timeline）"窗口是对文件的时间、动画、效果、尺寸、遮罩等属性进行编辑，以及对文件进行合成的窗口，如图 2-7 所示。它是 After Effects CC 2018 进行效果编辑的重要窗口之一。

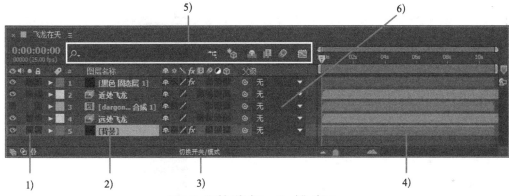

图 2-7 "时间线（Timeline）"窗口

1) 显示栏：对影片进行隐藏、锁定等操作，如图 2-8 所示，它包括 4 个按钮。

■（眼睛）按钮：用于打开或关闭图层在合成窗口中的显示。

■（声音）按钮：用于打开或关闭声音素材的层。对于设定了运动的层，可以用来在速度曲线上添加控制点。

■（单独）按钮：在进行多个层的合成时，单击某个层前的该按钮，可以图 2-8 显示栏在合成窗口中只显示该层。

■（锁定）按钮：激活该按钮之后将无法选择该层，从而避免对设置好的层进行误操作。

2) 文件效果属性编辑栏：用于控制该层的各种显示和性能特征，包括 4 个按钮。

■（标签）按钮：改变层的颜色。单击该按钮后，会显示出能够改变层标签颜色的 7 种颜色。用户只要从中选择自己需要的颜色即可。

■（编号）按钮：显示层的标号。它会依次显示出从上到下使用的层编号。

■图层名称 按钮：单击该按钮后，会变成 源名称 。无论是素材名称还是层名称，其实并没有什么不同。但素材名称不能更改，而层名称却可以更改。在 图层名称 状态下，只要按〈Enter〉键就可以改变层的名称。

■（三角）按钮：单击该按钮，可以查看层上应用的效果或者属性。

3) 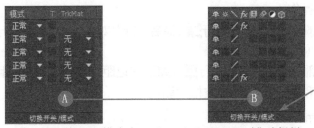 编辑栏：单击 切换开关/模式 按钮，可以在"模式（Mode）"和"切换开关（Toggle Switches）"这两种模式之间进行切换。如图2-9所示为两种模式一起以相同的位置显示的效果。

图2-9　"切换开关/模式（Toggle Switches/Modes）"编辑栏

"模式（Mode）"中的模式与Photoshop中的模式相同，并且又添加了更多的模式，如图2-10所示。利用After Effects CC 2018中的层模式可以制作出各种各样的效果。

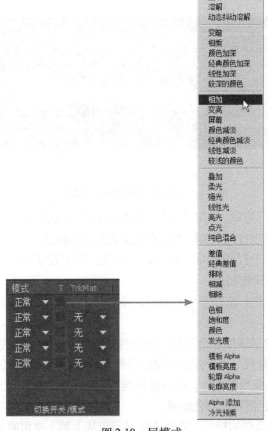

图2-10　层模式

"切换开关（Toggle Switches）"模式包括8个按钮。

（隐藏时间层内图层）按钮：单击该按钮后，将切换为 按钮，此时激活效果栏中的 对应按钮，该层将在"时间线（Timeline）"窗口中隐藏，以节省"时间线（Timeline）"窗口的空间，如图2-11所示。

　　a)　　　　　　　　　　　　　　　b)

图 2-11　退缩前后效果比较

a) 退缩前　b) 退缩后

　　![塌陷按钮]（塌陷）按钮：主要应用在嵌套的图层和从 Illustrator 引入的矢量图像中。

　　![抗锯齿按钮]（抗锯齿）按钮：用于使图像更加平滑。除非做特殊效果，通常在渲染时将该按钮打开。

　　![效果按钮]（效果）按钮：利用该按钮可以打开或关闭应用于层的特效。该按钮只对应用了特效的层有效。

　　![帧融合按钮]（帧融合）按钮：利用该按钮可以为素材层应用帧融合技术。当素材的帧速率低于合成的帧速率时，After Effects 通过重复显示上一帧来填充缺少的帧，这时运动图像可能会出现抖动。通过帧融合技术，After Effects 在帧之间插入新帧来平滑运动。

　　![运动模糊按钮]（运动模糊）按钮：利用动态模糊技术可以模拟真实的运动效果。

　　![调整图层按钮]（调整图层）按钮：可以在合成图像中建立一个调整图层，并将效果应用到其他层上。通过调整图层按钮，可以关闭或开启调整图层。在调整图层上关闭"调整图层"按钮，该调整图层会显示为一个白色固态层。可以利用"调整图层"按钮将一个素材图层转换为调整图层。打开素材层的"调整图层"按钮后，该素材将不在合成窗口中显示原有内容，而是作为一个调节图层影响其下的素材图层。

　　![3D按钮]（3D）按钮：单击该按钮，系统将当前层转换为 3D 图层。可以在三维空间中对其进行操作。

　　4）时间线编辑栏：用于对时间线进行具体编辑。

　　5）效果栏：如图 2-12 所示，"时间线"窗口上方的效果栏中包含 7 个按钮，与"切换开关（Toggle Switches）"模式中按钮的功能基本相同。但这里的按钮控制整个合成的效果，如打开一个层的![运动模糊]（运动模糊）开关，必须将开关按钮中的动态模糊打开才能应用动态模糊效果。

图 2-12　效果栏

7 个按钮的功能如下。

　　![显示查找按钮]（显示查找）按钮：单击该按钮，可以从弹出的列表中选择要显示的相应属性。

　　![合成微型流程图按钮]（合成微型流程图）按钮：单击该按钮，可以打开微型流程图。

　　![草图3D按钮]（草图 3D）按钮：单击该按钮，系统将在 3D 草图模式下工作。此时，将忽略所有的灯光照明、阴影、摄像机深度及场模糊等效果。该按钮仅对 3D 图层有效。

　　![隐藏按钮]（隐藏为其设置了"隐藏"开关的所有图层）按钮：单击该按钮，将隐藏开关面板中标

记为隐藏的层。

▣ (为设置了"帧混合"开关的所有图层启用帧混合) 按钮：打开层在开关面板中的帧融合后，激活它可使帧融合开启。

◎ (为设置了"运动模糊"开关的所有图层启用运动模糊) 按钮：打开层在开关面板中的帧融合后，激活它可使动态模糊开启。

▣ (图表编辑器) 按钮：单击该按钮，在时间线右侧将显示出相应关键帧的分布曲线，如图 2-13 所示。利用它可以同时显示多条曲线，从而节省屏幕空间。

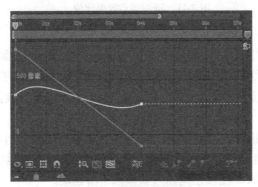

图 2-13　关键帧分布曲线

6) 父级编辑栏：在 After Effects CC 2018 中使用的"父级"，可以理解为"根源"，也可以理解为"父母"。其实，它的作用就是制作一个连接父母和孩子的环节。根源层就是父母，与它连接的层则相当于孩子。如果移动父母，那么孩子也会跟着移动。但如果孩子发生变化，父母却不随着变化。"父级"的作用实际上就是把层和层相互连接，使它们可以同步运动。如图 2-14 所示为图片连接到"空白对象"物体后，随"空白对象"物体一起旋转和移动的效果。如果想取消"父级"的设置，可以选定应用了"父级"的图层，然后在"父级"编辑栏中选择"无"，这样就可以取消设置了。

5. 工具栏

工具栏中包括一些常用的工具，如图 2-15 所示。这些工具与 Photoshop 中使用的工具箱有些类似。

1) 基本操作区：用于对图像进行选取、旋转、放大等操作，包括 6 个工具，说明如下。

▷ 选取工具：选取工具是在使用 After Effects 时用于基本选择操作的工具，它用于"合成 (Composition)"窗口中层的选择，以及"时间线 (Timeline)"窗口中层的选择等所有同类功能。其快捷键是〈V〉。

✋ 抓手工具：利用该工具可以在"合成 (Composition)"窗口中放大图像，然后移动画面，也可以进行预览。在制作过程中，如果需要使用快捷键，只要按〈H〉键即可。

🔍 缩放工具：缩放工具具有放大和缩小两种功能。第一次选择的时候，"合成(Composition)"窗口出现的就是放大工具，放大镜的中央会显示一个"+"，单击后会放大图像。每次放大时的放大比例都是 100%。选定缩放工具以后，如果按〈Alt〉键，放大镜的中央就会变成"－"，这时再单击，图像就会缩小。其快捷键是〈Z〉。

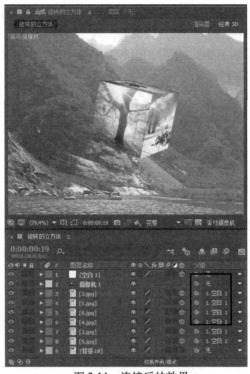

图 2-14　连接后的效果

图 2-15　工具栏

 旋转工具：选定了旋转工具以后，在工具栏中会出现两个选项，即"方向（Orientation）"和"旋转（Rotation）"选项，如图 2-16 所示。这两个选项表示，当图层为 3D 图层的时候，通过哪种方式进行旋转。其快捷键是〈C〉。

图 2-16　"方向（Orientation）"和"旋转（Rotation）"选项

摄像机工具组：只有在存在 3D 图层的"时间线"中安装摄像机时才会被激活。如果是 2D 图层，则无法使用该工具。单击摄像机工具以后，会显示出 4 种选项，如图 2-17 所示。

图 2-17　摄像机工具组

■ 定位点工具：用于移动中心点的位置。移动中心点就是确定按照哪个轴进行移动。移动中心点后，图层会以移动的中心轴为中心进行旋转。其快捷键是〈Y〉。

2) 绘图操作区：用于绘制、复制、擦除图形和文字等操作。它包括 8 个工具，分别说明如下。

■ 蒙版工具组：包括 5 种已有的蒙版形状，如图 2-18 所示。

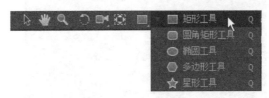

图 2-18　蒙版工具组

■ 钢笔工具：利用它可以绘制出任意形状的蒙版。

T 文字工具组：其功能与 Photoshop 中文字工具的功能基本一致。对于在 Photoshop 中已经使用过该工具的用户，应该能够轻松掌握。其使用方法就是选择文字工具，然后在"合成图像"窗口中单击输入文字。文字的输入方式有T（横排文字工具）和T（直排文字工具）两种，如图 2-19 所示。

图 2-19　文字工具组

■ 画笔工具：使用毛笔在图层上绘制出需要的图像。画笔工具自身不能够使用，必须与"绘画（Paints）"和"画笔（Brushes）"面板一起使用。

在"绘画（Paints）"面板中可以设置画笔的透明度、颜色和大小等，如图 2-20 所示。这些属性并不只在使用画笔工具的时候用到，在使用图章工具和橡皮擦工具的时候也会用到。

"画笔（Brushes）"面板，如图 2-21 所示。该面板是在选择画笔或者制作新画笔时使用的。在制作新画笔的时候，单击"画笔（Brushes）"面板右上角的■按钮，就会显示出相关选项，如图 2-22 所示。

图 2-20　"绘画（Paints）"面板

图 2-21　"画笔（Brushes）"面板

图 2-22　显示出相关选项

图章工具：这里的图章工具与 Photoshop 中图章工具的功能一样，可以原样制作出旁边的图像。图章工具可以把相同的内容复制几次，在其他位置上持续生成相同的内容。应用图章工具的时候，不能在"合成（Composition）"窗口中直接应用。图章工具可以在图层合成中使用。在"时间线（Timeline）"窗口中选中要应用橡皮图章的层，如图 2-23 所示，双击后会显示出图层合成。在图层合成中选择图章工具，然后按〈Alt〉键，在要复制相同图像的位置上单击，则下次只要移动到需要的位置上，用鼠标进行绘制就可以了。复制后的效果如图 2-24 所示。

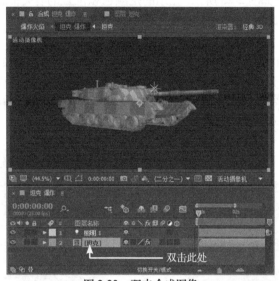

图 2-23　双击合成图像

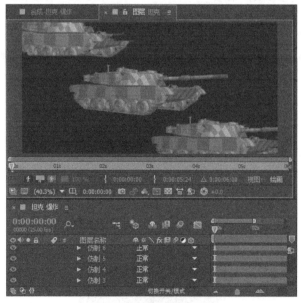

图 2-24　复制后的效果

橡皮擦工具：对图像某个部分进行删除时使用的工具。它和画笔工具一样可以调节笔触的大小，加宽或者缩小区域。其快捷键是〈Ctrl+B〉。

Roto笔刷工具：用于将动态视频中要选取的相关素材从背景中抠除出来。

操控点工具：单击该按钮，可添加任意定位点。

6. "信息（Info）"面板和"音频（Audio）"面板

"信息（Info）"面板如图2-25所示，显示的是颜色和位置的有关信息，没有其他特别功能，即显示"合成（Composition）"窗口中"Red""Green""Blue"和"Alpha"的相关颜色信息，用X、Y显示鼠标的当前位置。

"音频（Audio）"面板如图2-26所示。在"时间线（Timeline）"窗口中音频也会占据一个图层，用户可以对声音的大小或者质量等进行控制。也可以在音频图层上直接应用效果，还可以和其他图层联动展开工作，利用波形进行制作等。在预览音频的时候，可以调节品质，控制音量。在最终渲染中，可以更改设置，进行渲染。

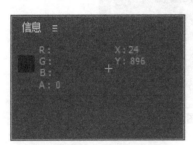

图2-25 "信息（Info）"面板

图2-26 "音频（Audio）"面板

7. "预览（Preview）"面板

"预览（Preview）"面板如图2-27所示，它是与播放时间线的电影或者音频有关的面板。

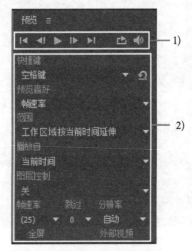

图2-27 "预览（Preview）"面板

1) 播放控制按钮区：包括 7 个按钮，分别说明如下。

◀▌第一帧：将时间标签移动到第一帧。

◀▌上一帧：将时间标签移动到前一帧。

▶ 播放/暂停：在播放或者暂停时使用该按钮。但播放电影不是原来的速度，而是根据计算机的系统配置会有所不同。

▌▶ 下一帧：将时间标签移动到下一帧。

▶▌最后一帧：单击该按钮以后，时间标签会移动到最后一帧。

◀⊐ 单击更改循环选项：单击该按钮后可以反复播放电影，再次单击，将变成只播放一次。

◀》 静音：只有单击该按钮，才能听到声音。如果不想听到声音，只要再次单击该按钮即可。

2) RAM 预演选项区：用于控制 RAM 预演的相关选项。

快捷键：用于设置用于预览的快捷键。

预览喜好：有"长度"和"帧速率"两个选项可供选择。

范围：用于设置预览的范围。有"工作区""工作区域按当前区域延伸"和"整个持续时间"三个选项可供选择。

播放自：用于设置预览开始播放的时间。有"范围开头"和"当前时间"两个选项可供选择。

图层控制：用于设置预览时是否使用原有的图层设置。有"使用当前设置"和"关"两个选项可供选择。

帧速率：设置每秒播放的帧数。

跳过：确定以几帧为间隔播放电影。如果计算机的内存不足，或者预览需要较长时间的时候，设定帧的间隔，可缩短预览的时间。

分辨率：选择在播放电影的时候按照哪种品质进行显示，包括如图 2-28 所示的 5 种选择。

全屏：勾选该选项，播放的时候，电影的周围会变成黑色，会在显示器的中央播放电影。这是在使用 RAM 预览的时候，也就是按下键盘右侧下端的〈0〉键以后。

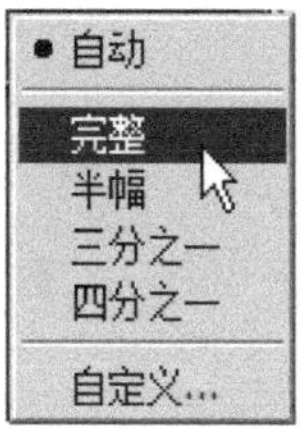

图 2-28　显示品质选项

8. "合成（Composition）"窗口

"合成（Composition）"窗口如图 2-29 所示，用于直接观察图像编辑后的结果，可对图像的显示大小、模式、安全框显示、当前时间和当前视窗等选项进行设置。

1) 显示当前的工作进行状态，包括效果、运动等所有内容。

2) 显示从"合成（Composition）"窗口中看到的图像的大小。单击该按钮以后，会显示出可以设置的数值，如图 2-30 所示。选择需要的数值即可。

3) 字幕/活动安全框，如图 2-31 所示。这里显示的是文字和图片不会超出范围的最大尺寸，该内容非常重要。如果制作的内容用于播放，尺寸应该是 720×486 像素。在制作过程中，要经常使用它，以防止超出线框界限。线框由两部分构成，内线框是"字幕安全框"，也就是在画面上输入文字的时候不能超出这个部分，如果超出了这个部分，那么从电视上观看时，会出现部分残缺；外线框是"活动安全框"，运动的对象或者图像等所有内容都必须显示在该线条的内部，如果超出了这个部分，就不会显示在电视画面上。当然，如果是用于因特网或者 DVD、

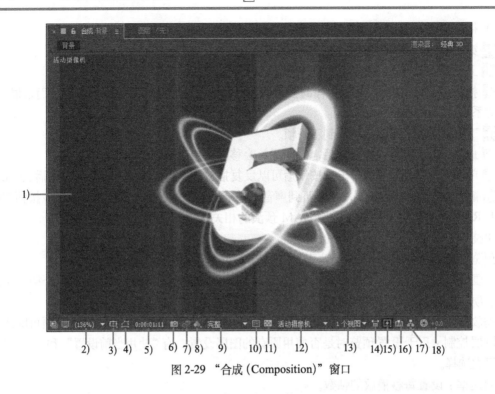

1)

2) 3) 4) 5) 6) 7) 8) 9) 10) 11) 12) 13) 14)15) 16) 17) 18)

图 2-29 "合成 (Composition)"窗口

图 2-30 显示比例设置   图 2-31 显示表示安全框的线条

CD-ROM 等，就不会出现这种情况。因为可以在 After Effects CC 2018 中直接制作成电影，而不会被裁剪掉，所以要根据所制作媒体的类型来确定是否使用该部分。

4) 该按钮用于显示遮罩。在使用 ✐ 钢笔工具、■ 矩形工具或者 ● 椭圆工具制作遮罩的时候，使用该按钮可以确定是否在"合成图像"窗口上显示遮罩。

5) 显示当前时间标签所在位置的时间。移动时间标签改变时间的时候，该部分会随之变化。单击该按钮，会弹出一个对话框，如图 2-32 所示。输入所需部分的时间段，时间标签就会移动到输入的时间段上。这样，"合成 (Composition)"窗口上就会显示出移动到的时间段的画面。

6) 获取快照。用于把当前正在制作的画面，也就是"合成 (Composition)"窗口中的图像画面拍摄成照片。单击 ◙ (拍摄快照) 按钮后，会发出拍摄照片的提示音，拍摄的静态画面

图 2-32　"转到时间 (Go to Time)"对话框

可以保存在内存中，以便以后使用。在进行该操作时，也可以使用快捷键〈Shift+F5〉。如果保存几张快照后想要使用，只需按顺序按快捷键〈Shift+F5〉、〈Shift+F6〉、〈Shift+F7〉、〈Shift+F8〉即可。

7）只有在保存"快照"的时候，该按钮才可以使用。其显示的是保存为"快照"的最后一个文件。依顺序按快捷键〈Shift+F5〉、〈Shift+F6〉、〈Shift+F7〉、〈Shift+F8〉，保存几张快照后，只要依顺序按快捷键〈F5〉、〈F6〉、〈F7〉、〈F8〉，即可按照保存顺序进行查看。因为快照要占据计算机的内存，所以在不使用的时候，最好把它们删除。删除的方法是选择"编辑 (Edit) | 清理 (Purge) | 快照 (Snapshot)"命令。

8）这里显示的是有关通道的内容。通道是按照"Red""Green""Blue"和"Alpha"（RGBA）的顺序依次显示的。"Alpha"通道的特点是不具有颜色信息，而只有与选区相关的信息。"Alpha"通道的基本背景是黑色，白色的部分表示选区，灰色的部分表示渐隐渐现的选区。

通常，在 Photoshop 中保存文件的时候，将其保存为具有"Alpha"通道的 TGA 格式，以便在 After Effects 中使用。

9）该部分显示的是"合成 (Composition)"窗口的分辨率，包括 5 个选项，如图 2-33 所示。在选择分辨率的时候，最好根据工作效率来决定，这样会对制作过程中的快速预览有很大帮助。如图 2-34 所示为不同选项的效果比较。

图 2-33　分辨率选项

10）当需要在"合成 (Composition)"窗口中只查看制作内容的某一部分时，可以使用该按钮。另外，在计算机配置较低、预览时间过长时，使用该按钮也可以达到不错的效果。其使用方法是单击该按钮，然后在"合成 (Composition)"窗口中拖动鼠标创建一块区域，如图 2-35 所示。创建好区域以后，就可以只对此区域的部分进行预览了。如果再次单击该按钮，又会恢复到原来的整体区域。

11）开关透明栅格：其功能与 Photoshop 中的透明度相同，可以将"合成 (Composition)"窗口的背景从黑色转换为透明。

12）当"时间线 (Timeline)"窗口中只存在 3D 图层的时候，才可以使用该按钮。当图层全部是 2D 图层的时候，则不能使用。

13）用于控制显示视图的数量。单击该按钮，将弹出如图 2-36 所示的下拉菜单。如图 2-37 所示为选择"4 个视图 - 右侧"选项时的显示效果。

14）利用该按钮可以改变纵横的比例。但是，激活该按钮，不会对图层、"合成 (Composition)"窗口、素材产生影响。如果在操作图像的时候使用，即使把最终结果制作成电影，也不会产生任何影响。

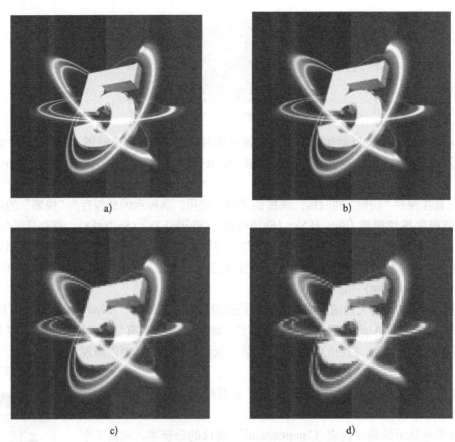

图 2-34 选择不同分辨率的效果

a) 完整　b) 二分之一　c) 三分之一　d) 四分之一

图 2-35 创建区域

15) 这是一个可以快速预览的功能按钮。单击该按钮，有 5 个选项供用户选择，如图 2-38 所示。

16) 用于显示"时间线 (Timeline)"窗口。

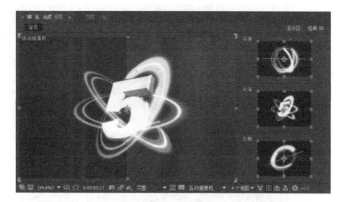

图 2-36　下拉菜单　　　　　图 2-37　选择"4 个视图 - 右侧"选项时的显示效果

17）用于显示"流程图"窗口，如图 2-39 所示。

18）用于控制曝光度。如图 2-40 所示为不同曝光度的效果对比。

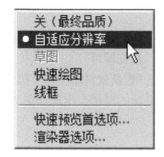

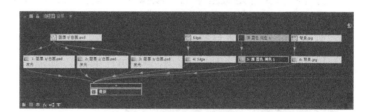

图 2-38　快速预览选项　　　　　　　图 2-39　"流程图"窗口

a)

图 2-40　不同曝光度的效果对比

a) 曝光度为 +0.0

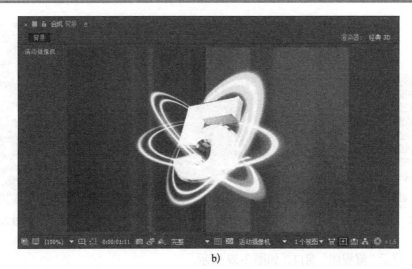

b)

图2-40　不同曝光度的效果对比（续）

b) 曝光度为 +1.5

2.2　打开文件

打开项目文件是最基本的一项操作，选择"文件（File）｜打开（Open）"命令，在弹出的如图2-41所示的对话框中找到要打开的项目文件，单击"打开"按钮即可。

要注意的是，当素材路径发生变化时需要手动更新素材路径。更新素材路径的方法如下：

1) 选择"文件（File）｜打开（Open）"命令，在需要手动更新的时候会出现如图2-42所示的对话框，表示在上次保存文件之后有13个文件丢失。

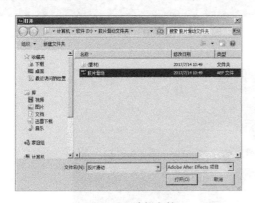

图2-41　选择文件

图2-42　提示文件丢失

2) 单击"确定"按钮，效果如图2-43所示。此时丢失的文件会以一些彩条来表示。

3) 在"项目（Project）"窗口中选择要更新的素材文件，右击，在弹出的快捷菜单中选择"替换素材（Replace Footage）｜文件（File）"命令。然后在弹出的对话框中找到替换文件所在的路径，如图2-44所示，再单击"打开"按钮，此时会弹出丢失的文件已经找到的提示对话框，如图2-45所示。更新后的"项目（Project）"窗口如图2-46所示，效果如图2-47所示。

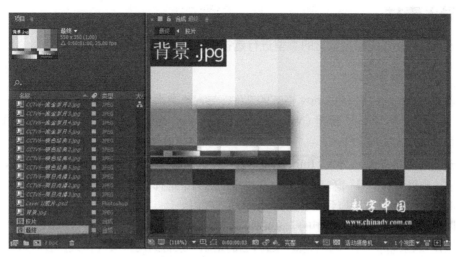

图 2-43　丢失的文件以一些彩条来表示

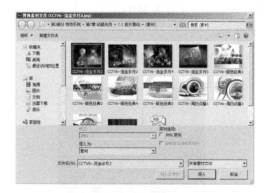

图 2-44　选择要替换的图片

图 2-45　丢失的文件已经找到的提示对话框

图 2-46　替换图片后的"项目 (Project)"窗口

图 2-47　正常显示的效果

2.3 导入素材

导入素材的形式需根据素材的类型进行选择。

2.3.1 导入一般素材

一般素材指 .jpg、.tga 和 .mov 格式的文件，导入该类素材的方法如下：

1) 选择"文件 (File) | 新建 (New) | 新建项目 (New Project)"命令，新建一个项目。然后使用以下 3 种方式导入素材。

● 选择"文件 (File) | 导入 (Import) | 文件 (File)"命令，导入素材文件。

● 在"项目 (Project)"窗口中双击，在出现的窗口中选择需要导入的文件。

● 将需要的素材直接拖到"项目 (Project)"窗口中。

用以上任意方式导入网盘中的"源文件\第 1 部分 基础入门\第 2 章 After Effects CC 2018 的基本操作\风景 .jpg"和"风景 .tga"文件，它们是同一素材的两种文件格式。在导入"风景 .tga"文件时会出现一个"解释素材 (Interpret Footage)"对话框，如图 2-48 所示。这是因为此时"风景 .tga"文件中含有"Alpha"通道信息，需要设置导入选项（具体参数的含义可参见 1.2.4 节）。单击"确定"按钮，"项目 (Project)"窗口如图 2-49 所示。

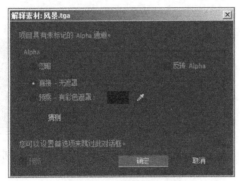

图 2-48　设置具体参数

图 2-49　"项目 (Project)"窗口

2) 导入素材后需要一个对素材进行加工的地方，也就是"合成 (Composition)"窗口。在"项目 (Project)"窗口中右击，在弹出的快捷菜单中选择"新建合成 (New Composition)"命令，会弹出"合成设置 (Composition Settings)"对话框，如图 2-50 所示。

3) 在"合成名称 (Composition Name)"文本框中可以为该合成图像命名，在"预设(Preset)"下拉列表中可以选择合成的分辨率和制式，也可以选择"预设 (Preset)"下拉列表的"自定义 (Custom)"选项，由用户自己来决定。需要注意的是"帧速率 (Frame Rate)"，帧速率即一秒钟播放图片的数量。"持续时间 (Duration)"用来设定合成动画的长度，设置完成后，单击"确定"按钮。

4) 将两个文件分别从"项目 (Project)"窗口拖入"时间线 (Timeline)"窗口中，此时"时间线 (Timeline)"窗口如图 2-51 所示，其中出现了两个图层。这里的图层与 Photoshop 中的图层是一样的，可以将图层想象成一个可以无限扩展的平面，位于上面的图层会对下面的图层产生遮盖。

图 2-50 "合成设置 (Composition Settings)"对话框

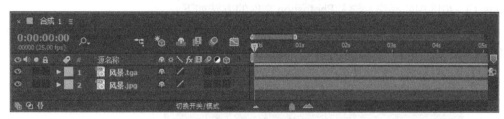

图 2-51 时间线分布

5）新建固态层。具体操作方法为：在"时间线 (Timeline)"窗口的空白处右击，在弹出的快捷菜单中选择"新建 (New) | 纯色 (Solid)"命令，如图 2-52 所示。

图 2-52 选择"纯色 (Solid)"命令

6）在弹出的如图 2-53 所示的"纯色设置(Solid Settings)"对话框中，可以在"名称(Name)"文本框中设定新建图层的名称；在"大小（Size）"选项组中设置新建图层的大小，也可以单击 制作合成大小 （Make Comp Size)按钮自动建立与合成图像同样大小的固态层；在"颜色(Color)"选项组中通过单击颜色块来设定新建图层的颜色，设置完成后单击"确定"按钮。此时，在"时间线 (Timeline)"窗口中位于上面的图层会遮盖下面的图层。重新排列 3 个图层在"时间线 (Timeline)"窗口中的顺序，如图 2-54 所示。

图 2-53　"纯色设置（Solid Settings）" 对话框

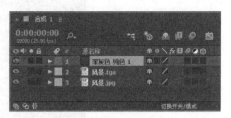

图 2-54　调整图层顺序

2.3.2　导入Photoshop文件

After Effects CC 2018 能正确识别 Photoshop 中的图层信息，从而可以大大简化在 After Effects CC 2018 中的操作。导入 Photoshop 文件的方法如下：

1）在 Photoshop 中建立一个包含 4 个图层的 640×480 像素的文档，保存为 "打斗 .psd"，如图 2-55 所示。

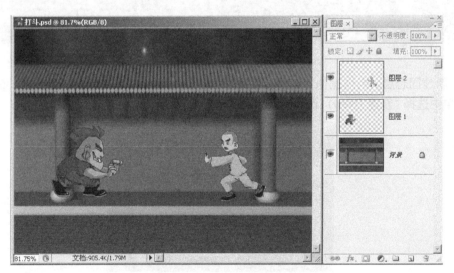

图 2-55　"打斗 .psd" 图像文件

2）启动 After Effects CC 2018，在 "项目（Project）" 窗口中双击，在出现的导入素材窗口中找到刚才保存的 "打斗 .psd" 文件，单击 "打开" 按钮，此时会显示 3 种导入形式，如图 2-56 所示。

① 选择 "素材（Footage）" 选项导入时，可以选择需要的图层进行导入，如图 2-57 所示。也可以选中 "合并的图层（Merged Layers）" 单选按钮，将 Photoshop 的图层合并为一个图层导入。

② 选择 "合成 - 保持图层大小（Composition-Retain Layer Sizes）" 选项导入时，将对图层进行裁剪，然后新建合成物。

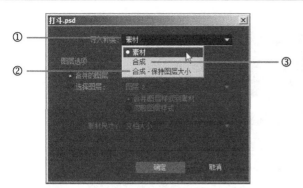
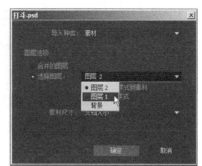

图 2-56　3 种导入形式　　　　　　　　　　图 2-57　选择需要导入的图层

③ 选择"合成（Composition）"选项导入时，"项目（Project）"窗口如图 2-58 所示。此时，单击"项目（Project）"窗口中文件夹图标前的小三角，会显示该文件所包含的所有层信息，如图 2-59 所示。双击"打斗"文件，即可打开该合成图像，如图 2-60 所示。此时，如果在 Photoshop 中使用了叠加模式，则这里也可以正常显示。

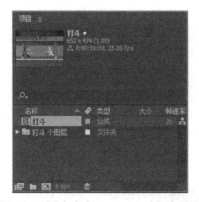

图 2-58　以"合成（Composition）"选项导入　　　　图 2-59　展开文件夹

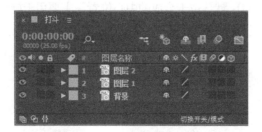

图 2-60　合成图像时间线分布

2.4　图层属性及设置关键帧动画

以"合成"方式打开网盘中的"源文件\第 1 部分 基础入门\第 2 章 After Effects CC 2018 的基本操作\打斗 .psd"文件。然后双击"项目（Project）"窗口中的"打斗 .Comp"，打开合成图像窗口。接着在"时间线"窗口中选择"图层 1"，再按大键盘上的〈Enter〉键，如图 2-61 所示。

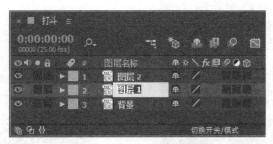

图 2-61　选择"图层 1"，再按大键盘上的〈Enter〉键的显示效果

提示：这里不是按小键盘上的〈Enter〉键，按小键盘上的〈Enter〉键将会打开图层窗口，而不是更改图层的名称。

此时可为该图层重新命名，中英文皆可。这里输入"强盗"，如图 2-62 所示。然后单击图层上方的"图层名称（Layer Name）"按钮，切换到"源名称（Source Name）"模式，观察"时间线（Timeline）"窗口的变化，如图 2-63 所示。此时，一个是图层的名称，一个是源素材的名称。在默认情况下，"图层名称"就是"源名称"。

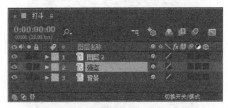

图 2-62　更改"图层 1"的名称

图 2-63　切换到"源名称（Source Name）"模式

2.4.1　图层的基本属性

切换回"图层"状态，单击"强盗"图层前的小三角图标，展开图层的"变换（Transform）"属性，然后单击"变换（Transform）"前的小三角，展开下面的属性，如图 2-64 所示。

1) 锚点（Anchor Point）：默认位于合成的中心位置，主要用于旋转时作为旋转的中心点。更改图层的中心点可以使用工具栏中的 █ 工具，直接在图层上选择中心点并拖动即可，如图 2-65 所示。

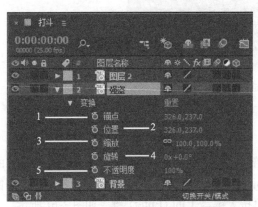

图 2-64　展开"变换（Transform）"属性

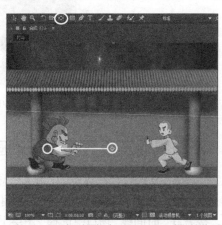

图 2-65　更改"锚点（Anchor Point）"的位置

2）位置（Position）：用于记录图层的位置信息，更改时可以直接输入数值，或者在"合成（Composition）"窗口中拖动图层到需要的位置。

3）缩放（Scale）：默认情况下是等比例缩放，如图 2-66 所示。如果要更改单个轴向上的缩放，需要关闭参数左侧的 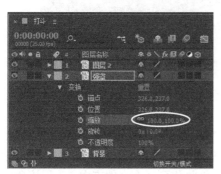（缩放锁定），如图 2-67 所示。

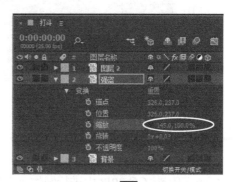

图 2-66　默认"缩放（Scale）"为 100%　　　　　图 2-67　关闭 🔗（比例锁定）

4）旋转（Rotation）：用于设置旋转属性。图层顺时针旋转超过 360°，数值记为"1"；逆时针旋转超过 360°，数值记为 –1。如果想让图层沿顺时针旋转 3600°，则只需将前面的数值改为"10"即可。用户需要注意的是，图层旋转是以"定位点"为中心的。

5）不透明度（Opacity）：用于设置不透明度属性。当值为 100% 时，完全不透明；当值为 0% 时，完全透明。

2.4.2　设置关键帧动画

在设置关键帧动画之前，先介绍一下帧与关键帧。

帧与关键帧有什么不同？帧是一个静止的影像，也就是说，静态图像称为帧。而正是因为有了关键帧，才有了动态的影像。如果把帧和关键帧集中在一起制作视频，那么所有涉及动态制作的程序都要设置为关键帧。因为只有这样，才能制作动态的影像，从而制作出最终的效果。所以，必须制作两个以上的关键帧，才能形成动画。如果不设置关键帧，就只是普通的帧。

在 After Effects 的"时间线（Timeline）"窗口中可以对"蒙版（Mask）""锚点（Anchor Point）""位置（Position）""缩放（Scale）""旋转（Rotation）""不透明度（Opacity）"和"效果（Effect）"设置关键帧。

在 After Effects CC 2018 中设置关键帧动画十分简单。秒表 ⏱ 是在"时间线（Timeline）"图层的个别属性中设置关键帧的图标。在图层的属性中，单击秒表 ⏱，图标变成 ⏱，表示设置了关键帧。此时"时间线"窗口如图 2-68 所示。

1）显示的是没有设置关键帧的初始状态。

2）显示的是设置了关键帧的状态。

3）单击秒表后，在图层上生成的钻石形状的关键帧。

4）在"时间线"图层的属性中设置了关键帧以后，在时间标签所在位置的矩形框中会显示 ◆ 标记。这说明在当前时间标签的位置上已经生成了关键帧。

图 2-68　时间线分布

2.5　收集文件

　　"收集文件 (Collect Files)"命令是把计算机中使用的文件收集到一个文件夹中，也就是为了在 After Effects CC 2018 中进行制作而将使用的文件收集到一个文件夹中。应用该命令以后，就不必再担心找不到数据了。因为已经把所有的文件都复制到了一个文件夹中。

　　对于初学者来说，文件管理不当，在项目中显示彩条的情况时有发生。特别是将数据转移到其他计算机上的时候，会更经常地出现这种问题。因此，希望在完成制作以后，使用"收集文件 (Collect Files)"命令将文件集中到一个文件夹中，然后再转移数据。

　　以"三维光环"为例，收集文件的具体操作步骤如下：

　　1) 首先选择"文件 (File) | 保存 (Save)"命令，将文件进行保存。

　　2) 选择"文件 (File) | 整理工程（文件）(Dependencies) | 收集文件 (Collect Files)"命令，在弹出的如图 2-69 所示的对话框中单击 收集... 按钮。然后在弹出的如图 2-70 所示的对话框的"文件名"文本框中输入"8.1 三维光环"，单击 保存(S) 按钮。

图 2-69　"收集文件 (Collect Files)"对话框

图 2-70　设置保存名称和路径

　　3) 打开刚才保存的"8.1 三维光环"文件夹，可以看到如图 2-71 所示的窗口。它由 3 个部分组成："（素材）"文件夹中放置了使用的所有素材；"三维光环 .aep"为 After Effects CC 2018 生成的项目文件；"三维光环 报告 .txt"文件中记录了所有的操作信息。

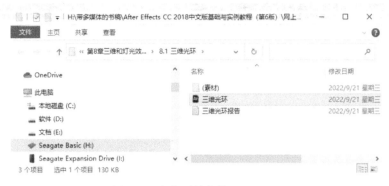

图 2-71　打包后的文件

2.6　课后练习

1. 填空题

(1) After Effects CC 2018 工具栏中的 _____ 工具，只有在存在 3D 图层的"时间线"窗口中安装摄像机时才会被激活。如果是 2D 图层，将无法使用该工具。

(2) 在 After Effects CC 2018 中导入 Photoshop 文件时，会显示 3 种导入形式，它们分别是 _____、_____ 和 _____。

2. 选择题

(1) 利用 After Effects CC 2018 中的图层模式可以制作出各种各样的效果，下列哪些属于 After Effects CC 2018 的图层模式？（　　）

A. 屏幕　　　　　　　B. 叠加　　　　　　　C. 相加　　　　　　　D. 相乘

(2) 下列哪些属于 After Effects CC 2018 中的"变换 (Transform)"属性？（　　）

A. 锚点 (Anchor Point)　　　　　　　B. 位置 (Position)

C. 缩放 (Scale)　　　　　　　D. 不透明度 (Opacity)

3. 简答题

(1) 简述收集文件的方法。

(2) 简述帧与关键帧的区别。

第2部分　基础实例

- ■ 第 3 章　色彩调整
- ■ 第 4 章　蒙版效果

第3章　色彩调整

本章重点：

在影视广告中，为了保证同一场景中镜头相互之间的颜色和亮度协调、匹配，或者要制作特定的色调效果，通常要对拍摄后的影像进行色彩调整。本章将通过两个实例来讲解利用 After Effects CC 2018 对影像进行色彩调整的方法。通过本章的学习，读者应掌握 After Effects CC 2018 中常用的色彩调整命令的使用方法。

3.1　风景图片调色

要点：

本例将综合运用 After Effects CC 2018 自带的特效，对一幅图片进行调色处理，如图 3-1 所示。通过本例的学习，读者应掌握"梯度渐变（Ramp）""色阶（Levels）""分形杂色（Fractal Noise）""颜色平衡（Color Balance）""亮度和对比度（Brightness&Contrast）""边角定位（Corner Pin）"特效，以及层模式和蒙版的应用。

a)　　　　　　　　　　　　　　　　　　　　　　　　　b)

图 3-1　风景图片调色
a) 原图　b) 效果图

操作步骤：

1）启动 After Effects CC 2018。然后选择"文件（File）| 导入（Import）| 文件（File）"命令，导入网盘中的"源文件\第 2 部分 基础实例\第 3 章 色彩调整\3.1 风景图片调色 \（素材）\ image.tif "图片。

2）创建一个与"image.tif "图片等大的合成图像。方法为：选择"项目（Project）"窗口中的"image.tif "素材图片，将它拖到 （新建合成）按钮上，如图 3-2 所示，从而创建一个与"image.tif "图片等大的合成图像。

图 3-2　将"image.tif"拖到 按钮上

3）重命名图层。方法为：选择"时间线"窗口中的"image.tif"图层，如图 3-3 所示，然后按〈Enter〉键，进入名称编辑状态，接着将其重命名为"image-1.tif"，如图 3-4 所示。

图 3-3　选择"image.tif"图层

图 3-4　重命名图层为"image-1.tif"

4）创建羽化蒙版。方法为：选择工具栏中的![钢笔]钢笔工具，绘制封闭的图形作为蒙版，如图 3-5 所示。

图 3-5　绘制封闭的图形作为蒙版

在"时间线"窗口中选择"images-1.tif"，然后按〈M〉键两次，显示出"蒙版 1（Mask 1）"的所有参数，再将"蒙版羽化（Mask Feather）"的值设置为"60"（如图 3-6 所示），效果如图 3-7 所示。

提示：绘制羽化蒙版的目的是将原来白色的天空去掉，以便为其补上蓝天和白云。

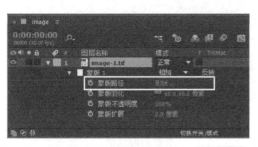

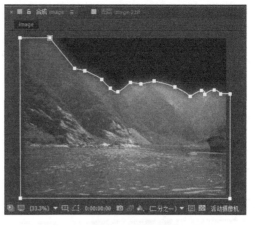

图 3-6　将"蒙版羽化（Mask Feather）"的值设置为"60"　　　　图 3-7　羽化效果

　　5）调整素材的亮度与对比度。方法为：选择"效果（Effect）| 颜色校正（Color Correction）|亮度和对比度（Brightness&Contrast）"命令，给它添加一个"亮度和对比度（Brightness&Contrast）"特效。然后在弹出的"效果控件（Effect Controls）"面板中设置参数，如图 3-8 所示，效果如图 3-9 所示。

图 3-8　设置"亮度和对比度（Brightness
&Contrast）"参数

图 3-9　调整"亮度和对比度（Brightness&Contrast）"
参数后的效果

　　6）调整素材的色彩平衡。方法为：选择"效果（Effect）| 颜色校正（Color Correction）| 颜色平衡（Color Balance）"命令，给它添加一个"颜色平衡（Color Balance）"特效。然后在弹出的"效果控件（Effect Controls）"面板中设置参数，如图 3-10 所示，效果如图 3-11 所示。

　　7）调整素材的色阶。方法为：选择"效果（Effect）| 颜色校正（Color Correction）| 色阶（Levels）"命令，给它添加一个"色阶（Levels）"特效。然后在弹出的"效果控件（Effect Controls）"面板中设置参数，如图 3-12 所示，效果如图 3-13 所示。

　　提示：这一步的目的是缩小黑白色阶的间距，从而改变图像的暗部区域与亮度区域，提高图像的明暗
　　　　　对比度。

图 3-10　设置"颜色平衡 (Color Balance)"参数

图 3-11　调整"颜色平衡 (Color Balance)"
参数后的效果

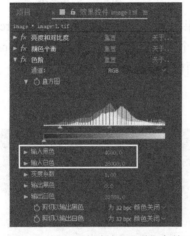

图 3-12　设置"色阶 (Levels)"参数

图 3-13　调整"色阶 (Levels)"参数后的效果

8) 复制图层,并调整相关参数。方法为:选择"image-1.tif"图层,然后按〈Ctrl+D〉组合键,复制出一个新的图层。接着将复制后的文件重命名为"image-2.tif"。最后按〈Delete〉键,将"image-2.tif"图层中除"亮度和对比度 (Brightness&Contrast)"特效以外的其他两个特效删除,并调整"亮度和对比度 (Brightness&Contrast)"特效的参数,如图 3-14 所示。

图 3-14　设置"亮度和对比度 (Brightness&Contrast)"参数

9) 调整图层混合模式。方法为:在"时间线"窗口中,为"image-2.tif"图层选择"强光(Hard Light)"模式,参数设置如图 3-15 所示,效果如图 3-16 所示。

提示:如果没有显示出图层模式,可以单击"时间线"窗口下方的 切换开关/模式 按钮,切换为图层模式。

图 3-15　设置"image-2.tif"图层的混合模式　　图 3-16　设置"image-2.tif"的图层模式为"强光（Hard Light）"时的效果

10）为了便于制作天空，下面隐藏图层。方法为：单击"image-1.tif"和"image-2.tif"图层左侧的  图标，隐藏这两个图层，如图 3-17 所示。

图 3-17　隐藏"image-1.tif"和"image-2.tif"图层

11）制作天空。方法为：选择"图层（Layer）| 新建（New）| 纯色（Solid）"命令，在弹出的"纯色设置（Solid Settings）"对话框中设置参数，如图 3-18 所示，然后单击"确定"按钮，新建一个固态层。接着将"cloud"图层放在"时间线"窗口的最底层，如图 3-19 所示。

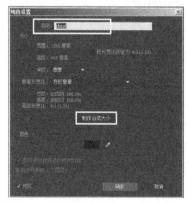

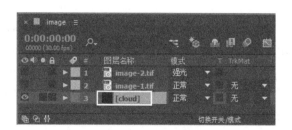

图 3-18　设置"纯色（Solid）"参数　　　　图 3-19　将"cloud"图层放置到最底层

选择"cloud"图层，然后选择"效果（Effect）| 生成（Generate）| 梯度渐变（Ramp）"命令，给它添加一个"梯度渐变（Ramp）"特效。接着在弹出的"效果控件（Effect Controls）"面板中设置参数，如图 3-20 所示，效果如图 3-21 所示。

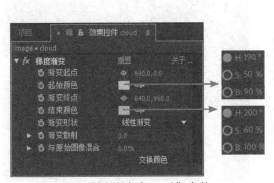

图 3-20　设置"梯度渐变 (Ramp)"参数　　　　图 3-21　调整"梯度渐变 (Ramp)"参数后的效果

12) 制作天空的云彩效果。方法为：选择"效果 (Effect) | 杂色和颗粒 (Noise&Grain) | 分形杂色 (Fractal Noise)"命令,给它添加一个"分形杂色 (Fractal Noise)"特效。然后在弹出的"效果控件 (Effect Controls)"面板中设置参数,如图 3-22 所示,效果如图 3-23 所示。

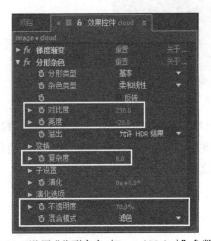

图 3-22　设置"分形杂色 (Fractal Noise)"参数　　图 3-23　调整"分形杂色 (Fractal Noise)"参数后的效果

13) 调整天空的角度,形成透视效果。方法为：选择"效果 (Effect) | Distort (扭曲) | 边角定位 (Corner Pin)"命令,给它添加一个"边角定位 (Corner Pin)"特效。然后在弹出的"效果控件 (Effect Controls)"面板中设置参数,如图 3-24 所示,效果如图 3-25 所示。

14) 单击"image-1.tif"图层与"image-2.tif"图层左侧的■图标,使它们恢复显示状态,即可看到效果,如图 3-26 所示。

> 提示：此例为了便于初学者学习,使用了一幅静态图片来进行色彩校正。而在实际工作中,校色的对象通常是动态影像。

15) 选择"文件 (File) | 保存 (Save)"命令,将文件进行保存。然后选择"文件 (File) | 整理工程 (文件) (Dependencies) | 收集文件 (Collect Files)"命令,将文件进行打包。

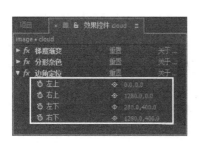

图 3-24 设置"边角定位（Corner Pin）"参数　　图 3-25 调整"边角定位（Corner Pin）"参数后的效果

图 3-26 风景图片调色最终效果

3.2 水墨画效果

 要点：

本例将利用一幅彩色图片制作水墨画效果，如图3-27所示。通过本例的学习，读者应掌握"色阶（Levels）""中间值（Median）""色相/饱和度（Hue/Saturation）""查找边缘（Find Edges）""线性颜色键（Linear Color Key）""发光（Glow）""亮度和对比度（Brightness&Contrast）"特效，以及蒙版和图层混合模式的应用。

a)　　　　　　　　　　　　　　　　　　　　b)

图 3-27 水墨画效果
a) 原图　b) 效果图

操作步骤：

1. 制作"水墨画"合成图像

1）启动 After Effects CC 2018，选择"文件 (File) | 导入 (Import) | 文件 (File)"命令，导入网盘中的"源文件\第 2 部分 基础实例\第 3 章 色彩调整\3.2 水墨画效果 \(素材)\ 原图 .jpg"图片。

2）创建一个与"原图 .jpg"图片等大的合成图像。方法为：将它拖到 ▦ (新建合成) 按钮上，生成一个尺寸与素材相同的合成图像。

3）重命名合成图像。方法为：在"项目 (Project)"窗口中选择该合成图像，如图 3-28 所示，然后按〈Enter〉键，将其命名为"水墨画"，如图 3-29 所示。

图 3-28　选择合成图像

图 3-29　重命名合成图像

4）提高素材的对比度。方法为：选择"原图"层，然后选择"效果 (Effect) | 颜色校正 (Color Correction) | 色阶 (Levels)"命令，给它添加一个"色阶 (Levels)"特效。接着在"效果控件 (Effect Controls)"面板中设置参数，如图 3-30 所示，效果如图 3-31 所示。

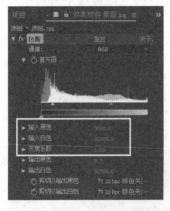

图 3-30　设置"色阶 (Levels)"参数

图 3-31　调整"色阶 (Levels)"参数后的效果

5）使画面呈现色块的效果。方法为：选择"效果 (Effect) | 杂色和颗粒 (Noise&Grain) | 中间值 (Median)"命令，给它添加一个"中间值 (Median)"特效。然后在"效果控件 (Effect

Controls)"面板中设置参数,如图 3-32 所示,效果如图 3-33 所示。

提示:该步骤十分关键,水墨画的最终水墨效果主要靠这一步来实现。

图 3-32 设置"中间值 (Median)"参数　　　图 3-33 调整"中间值 (Median)"参数后的效果

6) 再次提高素材的对比度。方法为:再次选择"效果 (Effect) | 颜色校正 (Color Correction) | 色阶(Levels)"命令,给它添加一个"色阶(Levels)"特效。然后在"效果控件(Effect Controls)"面板中设置参数,如图 3-34 所示,效果如图 3-35 所示。

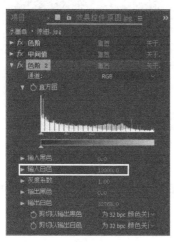

图 3-34 设置"色阶 (Levels)"参数　　　图 3-35 调整"色阶 (Levels)"参数后的效果

7) 调整饱和度,形成淡彩效果。方法为:选择"效果 (Effect) | 颜色校正 (Color Correction) | 色相 /饱和度 (Hue/Saturation)"命令,给它添加一个"色相 /饱和度 (Hue/Saturation)"特效。然后在"效果控件 (Effect Controls)"面板中设置参数,如图 3-36 所示,效果如图 3-37 所示。

8) 制作线描效果。方法为:将"项目"窗口中的"原图 .jpg"拖入"时间线"窗口,放置到最上方,并将该层命名为"原图 2"。然后选择"效果 (Effect) | 风格化 (Stylize) | 查找边缘 (Find Edges)"命令,给它添加一个"查找边缘 (Find Edges)"特效。接着在"效果控件 (Effect Controls)"面板中设置参数,如图 3-38 所示,效果如图 3-39 所示。

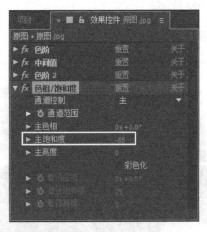

图 3-36 设置"色相 / 饱和度 (Hue/
Saturation)"参数

图 3-37 调整"色相 / 饱和度 (Hue/Saturation)"
参数后的效果

图 3-38 设置"查找边缘 (Find Edges)"参数

图 3-39 调整"查找边缘 (Find Edges)"参数后的效果

9) 制作图层混合效果。方法为：将"原图 2"图层的混合模式设置为"相乘 (Multiply)"，
如图 3-40 所示，效果如图 3-41 所示。

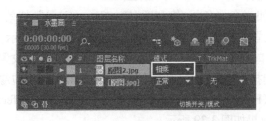

图 3-40 将"原图 2"的图层混合模式设置为"相
乘 (Multiply)"

图 3-41 "相乘 (Multiply)"效果

10) 降低图像的色相和饱和度。方法为：选择"原图 2"图层，然后选择"效果 (Effect) | 颜色校正 (Color Correction) | 色相 / 饱和度 (Hue/Saturation)"命令，给它添加一个"色相 / 饱和度 (Hue/Saturation)"特效。然后在"效果控件 (Effect Controls)"面板中设置参数，如图 3-42 所示，效果如图 3-43 所示。

图 3-42　设置"色相 / 饱和度 (Hue/ Saturation)"参数

图 3-43　调整"色相 / 饱和度 (Hue/Saturation)"参数后的效果

11) 对画面进行抠白处理，只留下黑色线条。方法为：选择"原图 2"图层，然后选择"效果 (Effect) | 键控 (Keying) | 线性颜色键 (Linear Color Key)"命令，给它添加一个"线性颜色键 (Linear Color Key)"特效。接着在"效果控件 (Effect Controls)"面板中设置参数，如图 3-44 所示，效果如图 3-45 所示。

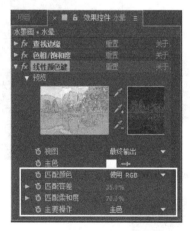

图 3-44　设置"线性颜色键 (Linear Color Key)"参数

图 3-45　调整"线性颜色键 (Linear Color Key)"参数后的效果

12) 制作线条周围水晕效果。方法为：选择"原图 2"图层，然后选择"效果 (Effect) | 风格化 (Stylize) | 发光 (Glow)"命令，给它添加一个"发光 (Glow)"特效。接着在"效果控件 (Effect Controls)"面板中设置参数，如图 3-46 所示，效果如图 3-47 所示。

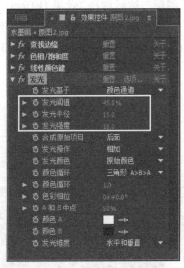

图 3-46　设置"发光 (Glow)"参数

图 3-47　调整"发光 (Glow)"参数后的效果

13）此时水晕效果不明显，下面来解决这个问题。方法为：选择"原图 2"图层，按〈Ctrl+D〉组合键，复制"原图 2"图层，然后将其命名为"水晕"图层。接着在"效果控件 (Effect Controls)"面板中设置参数，如图 3-48 所示，效果如图 3-49 所示。此时，"时间线"窗口如图 3-50 所示。

图 3-48　继续设置"发光 (Glow)"参数

图 3-49　继续调整"发光 (Glow)"参数后的效果

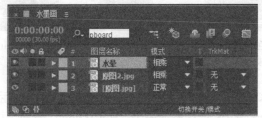

图 3-50　时间线分布

2. 制作"最终效果"合成图像

1）选择"项目（Project）"窗口中的"水墨画"合成图像，将它拖到 （新建合成）按钮上，从而生成一个尺寸与素材相同的合成图像。然后将其命名为"最终效果"。

2）选择"文件（File）｜导入（Import）｜文件（File）"命令，导入网盘中的"源文件\第 2 部分 基础实例\第 3 章 色彩调整\3.2 水墨画效果\（素材）\宣纸纹理 .jpg""印章 .jpg""题词 .jpg"图片。然后将它拖入"时间线"窗口，调整位置并设置它们的图层混合模式为"相乘（Multiply）"，如图 3-51 所示，效果如图 3-52 所示。

提示：将图层混合模式设置为"相乘（Multiply）"，是为了去除图片上的白色区域。

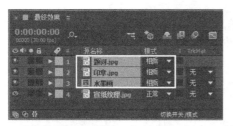

图 3-51　将图像拖入"时间线"窗口

图 3-52　组合图像效果

3）制作画面的羽化效果。方法为：选择"水墨画"图层，使用工具栏中的 钢笔工具绘制蒙版图形，如图 3-53 所示。然后在"时间线"窗口中设置蒙版的参数，如图 3-54 所示，效果如图 3-55 所示。

4）调节画面对比度，使画面更加清晰。方法为：选择"水墨画"图层，然后选择"效果（Effect）｜颜色校正（Color Correction）｜亮度和对比度（Brightness&Contrast）"命令，给它添加一个"亮

图 3-53　绘制蒙版图形

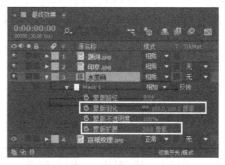

图 3-54　设置蒙版参数

度和对比度(Brightness&Contrast)"特效。然后在"效果控件(Effect Controls)"面板中设置参数，如图 3-56 所示，效果如图 3-57 所示。

图 3-55　羽化蒙版效果

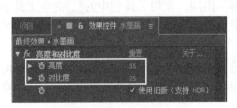

图 3-56　设置"亮度和对比度
(Brightness&Contrast)"参数

图 3-57　调整"亮度和对比度 (Brightness&Contrast)"
参数后的效果

5) 选择"文件 (File) | 保存 (Save)"命令，将文件进行保存。然后选择"文件 (File) | 整理工程 (文件) (Dependencies) | 收集文件 (Collect Files)"命令，将文件进行打包。

> 提示：单帧图片的水墨画效果在 Photoshop 中同样可以完成，而 After Effects CC 2018 的优势在于可以制作动画的水墨画效果。

3.3　课后练习

1. 利用网盘中的"源文件 \ 第 2 部分 基础实例 \ 第 3 章 色彩调整 \ 3.3 课后练习 \ 练习 1 \ (素材) \ 素材 1.jpg"图片，如图 3-58 所示，制作水彩画效果，如图 3-59 所示。参数可参考网盘中的"源文件\第 2 部分 基础实例\第 3 章 色彩调整 \3.3 课后练习 \练习 1\练习 1.aep"文件。

图 3-58　原图　　　　　　　　　　　　　　　图 3-59　效果图

2. 利用网盘中的"源文件\第 2 部分 基础实例 \ 第 3 章 色彩调整 \3.3 课后练习 \ 练习 2 \（素材）\原图 1.jpg"图片，如图 3-60 所示，制作水墨画效果，如图 3-61 所示。参数可参考网盘中的"源文件 \ 第 2 部分 基础实例 \ 第 3 章 色彩调整 \3.3 课后练习 \ 练习 2\ 练习 2.aep"文件。

图 3-60　原图　　　　　　　　　　　　　　　图 3-61　效果图

第4章 蒙版效果

本章重点：

蒙版是 After Effects CC 2018 的一个重要功能，利用它对局部影像进行单独处理，可产生特殊效果。本章将通过 3 个实例来具体讲解蒙版的具体应用。通过本章的学习，读者应掌握蒙版的使用方法。

4.1 奇妙奶广告动画

要点：

本例将制作小人从树后跑出，然后进入奇妙奶包装，再从另一端长大后跑出的广告动画，如图4-1所示。通过本例的学习，读者应掌握使用█矩形工具和🖊钢笔工具创建蒙版的方法，以及设置位置和比例关键帧动画的方法。

图 4-1 奇妙奶广告动画

操作步骤：

1）启动 After Effects CC 2018，然后选择"文件 (File) | 导入 (Import) | 文件 (File)"命令，导入网盘中的"源文件\第 2 部分 基础实例\第 4 章 蒙版效果 \4.1 奇妙奶广告动画 \（素材）\奇妙奶包装 .tga""背景 .psd"文件，以及"小人"文件夹中的"ren0000.tga"~"ren0029.tga"文件。

> 提示：在导入"奇妙奶包装 .tga"和"小人"文件夹中的"ren0000.tga"~"ren0029.tga"图片时，一定要选中"Targa 序列（Target Sequence）"复选框，如图 4-2 所示。这样，所有序列文件会作为一个文件导入。由于"ren0000.tga"~"ren0029.tga"图片含有 Alpha 通道，因此会在导入时出现如图 4-3 所示的对话框，此时单击 **猜测** （Guess）按钮，即可导入序列图片。

2）创建与素材图像尺寸相同的合成图像。方法为：选择"项目（Project）"窗口中的"奇妙奶包装 .tga"和"背景 .psd"素材，将它们拖到 █ （新建合成）按钮上，如图 4-4 所示。然后在弹出的对话框中设置参数，如图 4-5 所示。接着单击"确定"按钮，生成一个尺寸与"背景 .psd"相同的合成图像。最后将"项目（Project）"窗口中的"ren[0000-0029].tga"层拖入"时间线"窗口，并放置在最上方。

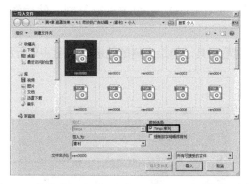

图 4-2　选中"Targa 序列（Targa Sequence）"复选框

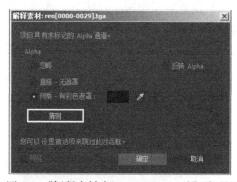

图 4-3　"解释素材（Interpret Footage）"对话框

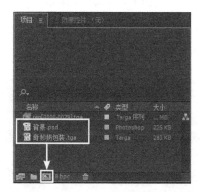

图 4-4　将所有素材拖到 按钮上

图 4-5　设置参数

3）重命名合成图像。方法为：选择"项目（Project）"窗口中的合成图像，按〈Enter〉键，将其重命名为"奇妙奶"，效果如图 4-6 所示。

4）调整"时间线"窗口中的 3 个图层的位置关系，如图 4-7 所示。

图 4-6　重命名为"奇妙奶"

图 4-7　时间线分布

5) 复制背景图层。方法为：选择"背景"图层，按〈Ctrl+D〉组合键进行复制。然后将其移动到最顶层，如图 4-8 所示。

6) 绘制树的蒙版。方法为:选择工具栏中的 🖊钢笔工具，勾绘出树的轮廓，如图 4-9 所示。

提示：该蒙版用于制作小人从树后跑出的效果。

图 4-8　将复制后的"背景"图层移到最顶层　　　　图 4-9　勾绘树的轮廓

7) 缩小小人的大小。方法为:选择"ren{0000-0029}.tga"图层，按〈S〉键，显示"缩放(Scale)"属性，然后将数值设置为"25%"，如图 4-10 所示，将小人缩小，效果如图 4-11 所示。

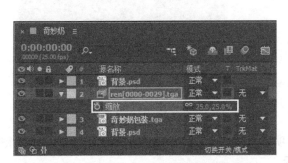

图 4-10　将"缩放(Scale)"数值设置为 25%　　　　图 4-11　缩小小人的效果

8) 选择工具栏中的 ▶选取工具，将小人移到树的位置上，效果如图 4-12 所示。

图 4-12　将小人移到树的位置上

9) 制作小人穿过奇妙奶包装的效果。方法为：选择"奇妙奶包装"图层，按〈Ctrl+D〉组合键进行复制，然后将其移动到如图 4-13 所示的位置。

10) 选择工具栏中的 ✐ 钢笔工具，勾绘出小人在"奇妙奶包装"中需要隐藏的区域。

提示：为便于观看，此时可隐藏原来的"奇妙奶包装"图层，效果如图4-14所示。

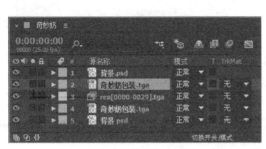

图 4-13 复制"奇妙奶包装"图层

图 4-14 隐藏原来"奇妙奶包装"图层的效果

11) 为了防止小人穿过包装时过于生硬，下面对蒙版进行羽化处理。方法为：选择复制后的"奇妙奶包装"图层，按〈M〉键两次，显示出"蒙版 1"的所有参数，接着将"蒙版羽化 (Mask Feather)"的值设置为"12"，如图 4-15 所示，效果如图 4-16 所示。

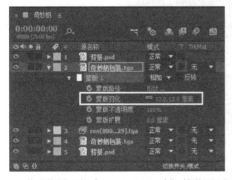

图 4-15 将"蒙版羽化 (Mask Feather)"的值设置为"12"

图 4-16 "蒙版羽化"后的效果

12) 重新显示原来的"奇妙奶包装"图层。

13) 制作小人的移动动画。方法为：选择"ren {0000-0029} .tga"图层，按〈P〉键，展开"位置 (Position)"属性。然后在第 0 帧和第 1 秒 24 帧插入位置关键帧，并设置参数，如图 4-17 所示，如图 4-18 所示分别为第 0 帧和第 1 秒 24 帧的效果。

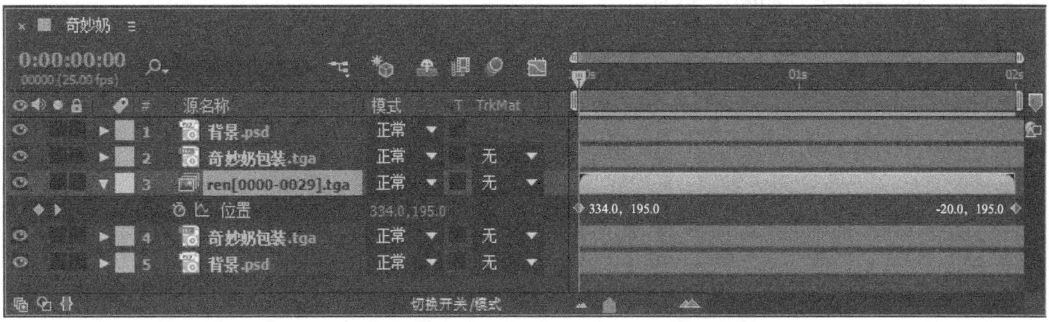

图 4-17 插入并设置"位置 (Position)"关键帧参数

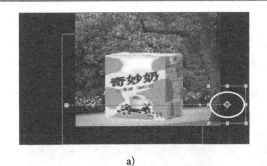 

a) b)

图 4-18　第 0 帧和第 1 秒 24 帧的效果

a) 第 0 帧的效果　b) 第 1 秒 24 帧的效果

提示：此时小人跑动层的时间长度过短，下面可以单击"时间线"窗口下方的 ![按钮]，显示出"伸缩"属性，再单击"ren {0000-0029} .tga"图层的"伸缩"属性，在弹出的对话框中将"伸缩因数"设置为200%，如图4-19所示，也就是延长一倍。

图 4-19　将"伸缩因数"设置为200%

14）制作小人穿过"奇妙奶包装"后的长大动画。方法为：选择"ren {0000-0029} .tga"图层，按〈S〉键展开"缩放(Scale)"属性。然后拖动时间滑块，分别在小人进入和穿过"奇妙奶包装"时设置关键帧。接着将人物进入"奇妙奶包装"时的"缩放 (Scale)"设置为"25%"，将小人穿过"奇妙奶包装"时的比例设置为"50%"。

15）在"预览 (Preview)"面板中单击 ![播放] （播放）按钮，预览动画，即可看到小人穿过"奇妙奶包装"后的长大效果，如图 4-20 所示。

图 4-20　小人穿过"奇妙奶包装"后的长大效果

16) 此时可以选择 "ren {0000-0029}.tga" 图层, 按〈U〉键, 查看所有关键帧的分布, 如图 4-21 所示。

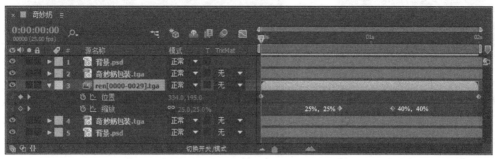

图 4-21　时间线分布

17) 选择 "文件 (File) | 保存 (Save)" 命令, 将文件进行保存。然后选择 "文件 (File) | 整理工程 (文件) (Dependencies) | 收集文件 (Collect Files)" 命令, 将文件进行打包。

4.2　变色的汽车

要点:

本例将制作变色的汽车动画, 如图 4-22 所示。通过本例的学习, 读者应掌握使用■矩形工具和█钢笔工具创建蒙版的方法, 以及 "色相/饱和度 (Hue/Saturation)" 特效的应用。

图 4-22　变色的汽车

操作步骤:

1) 启动 After Effects CC 2018, 然后选择 "文件 (File) | 导入 (Import) | 文件 (File)" 命令, 导入网盘中的 "源文件\第 2 部分 基础实例\第 4 章 蒙版效果\4.2 变色的汽车 \ (素材) \Car.jpg" 图片。

2) 创建与素材图像尺寸相同的合成图像。方法为: 选择 "项目 (Project)" 窗口中的 "Car.jpg", 然后将其拖到■ (新建合成) 按钮上, 如图 4-23 所示。此时, After Effects CC 2018 会自动生成尺寸与素材相同的合成图像, 此时界面如图 4-24 所示。

3) 右键单击 "项目 (Project)" 窗口中的合成图像, 从弹出的快捷菜单中选择 "合成设置" 命令, 再在弹出的 "合成设置" 对话框中将 "持续时间" 设置为 5 秒, 单击 "确定" 按钮。

4) 绘制汽车选区。方法为: 选择 "Car.jpg" 图层, 然后按〈Ctrl+D〉组合键进行复制。接着选择该图层, 按〈Enter〉键, 将其重命名为 "变色", 如图 4-25 所示。再选择工具栏中的█钢笔工具, 在 "变色" 图层上绘制汽车的形状, 如图 4-26 所示。

图 4-23 将"Car.jpg"拖到 ▣ 按钮上

图 4-24 界面布局

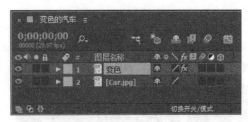

图 4-25 复制并重命名图层

图 4-26 绘制汽车选区

5) 调整汽车的颜色。方法为：选择"变色"图层，然后选择"效果 (Effect) | 颜色校正 (Color Correction) | 色相 / 饱和度 (Hue/Saturation)"命令, 给它添加一个"色相 / 饱和度 (Hue/ Saturation)"特效。接着在弹出的"效果控件 (Effect Controls)"面板中设置参数，如图 4-27 所示，效果如图 4-28 所示。

图 4-27 设置"色相 / 饱和度 (Hue/Saturation)"
参数

图 4-28 调整"色相 / 饱和度 (Hue/Saturation)"
参数后的效果

6）制作汽车变色动画。方法为：选择最下面的"Car.jpg"图层，按〈Ctrl+D〉组合键复制一次，然后选择该图层，按〈Enter〉键，将其重命名为"运动"。接着将其移动到最上层，如图 4-29 所示。

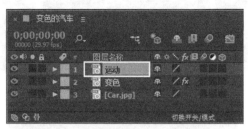

图 4-29　将"运动"图层移动到最上层

7）选择工具栏中的 ■ 矩形工具，然后在"运动"图层上绘制矩形蒙版，如图 4-30 所示。然后选择"运动"图层，展开"蒙版 1（Mask 1）"属性。接着选择"蒙版扩展（Mask Expansion）"，分别在第 0 帧和第 4 秒 24 帧处插入关键帧，并设置参数，如图 4-31 所示。

图 4-30　绘制矩形蒙版

图 4-31　插入关键帧并设置参数

8）在"预览（Preview）"面板中单击 ▶（播放）按钮，预览动画，效果如图 4-32 所示。

9）此时，汽车从绿色逐渐过渡到图片的颜色，而本例需要的是汽车从图片颜色逐渐过渡到绿色，下面来解决这个问题。方法为：在"时间线"窗口中勾选"运动"图层"蒙版 1（Mask 1）"中的"反转（Invert）"复选框，如图 4-33 所示，将蒙版反转。然后在"预览（Preview）"面板中

单击 ▶ (播放) 按钮, 预览动画, 效果如图 4-34 所示。

图 4-32 变色的汽车效果 1

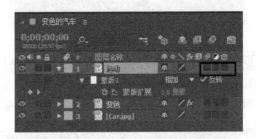

图 4-33 勾选 "反转 (Invert)" 复选框

图 4-34 变色的汽车效果 2

10) 选择 "文件 (File) | 保存 (Save)" 命令, 将文件进行保存。然后选择 "文件 (File) | 整理工程 (文件) (Dependencies) | 收集文件 (Collect Files)" 命令, 将文件进行打包。

4.3 飘动的白云效果

要点:

本例将制作蓝天中飘动的白云效果, 如图 4-35 所示。通过本例的学习, 读者应掌握使用 钢笔工具绘制蒙版并羽化边缘的方法, 以及 "边角定位 (Corner Pin)" 特效的应用。

图 4-35 飘动的白云效果

操作步骤：

1. 创建雪山区域

1）启动 After Effects CC 2018，选择"文件（File）|导入（Import）|文件（File）"命令，导入网盘中的"源文件\第 2 部分 基础实例\第 4 章 蒙版效果\4.3 飘动的白云效果\（素材）\背景 .jpg"和"天空 .jpg"文件。

2）创建与素材图像尺寸相同的合成图像。方法为：选择"项目（Project）"窗口中的"背景 .jpg"和"天空 .jpg"，然后将其拖到 （新建合成）按钮上。接着在弹出的"基于所选项新建合成"对话框中设置如图 4-36 所示，单击"确定"按钮，此时，After Effects CC 2018 会自动生成尺寸与"背景 .jpg"素材相同的合成图像，此时"时间线"窗口如图 4-37 所示。

图 4- 36　设置参数

图 4- 37　时间线分布

3）右键单击"项目（Project）"窗口中的合成图像，从弹出的快捷菜单中选择"合成设置"命令，再在弹出的"合成设置"对话框中将"合成名称"设置为"飘动的云彩效果"，单击"确定"按钮。

4）在"时间线"窗口中选择"背景 .jpg"图层，然后使用工具箱中的 钢笔工具绘制蒙版，如图 4-38 所示。

5）羽化边缘。方法为：选择"背景 .jpg"图层，按〈M〉键两次，展开"蒙版 1（Mask 1）"选项，然后将"蒙版羽化（Mask Feather）"值设置为"5"，如图 4-39 所示，效果如图 4-40 所示。

图 4-38　绘制蒙版

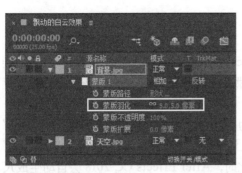

图 4-39　设置"蒙版羽化 (Mask Feather)"参数　　图 4-40　调整"蒙版羽化 (Mask Feather)"参数后的效果

2. 制作飘动的云彩

1) 在"时间线"窗口中选择"天空 .jpg"图层，然后选择"效果 (Effect) | Distort (扭曲) | 边角定位 (Corner Pin)"命令，在"效果控件 (Effect Controls)"面板中设置参数，如图 4-41 所示，效果如图 4-42 所示。

图 4-41　设置"边角定位 (Corner Pin)"　　　图 4-42　调整"边角定位 (Corner Pin)"参数后的效果 1
　　　　　参数 1

2) 将时间线移动到第 0 帧，然后在"效果控件(Effect Controls)"面板中单击"左上 (Upper Left)"和"右上 (Upper Right)"左侧的■图标，插入关键帧。接着将时间线移动到第 4 秒 24 帧，参数设置如图 4-43 所示，效果如图 4-44 所示。

图 4-43　设置"边角定位 (Corner Pin)"　　　图 4-44　调整"边角定位 (Corner Pin)"参数后的效果 2
　　　　　参数 2

图 4-45　飘动的白云效果

3) 在"预览（Preview）"面板中单击 ▶（播放）按钮，预览动画，效果如图 4-45 所示。

4) 选择"文件(File)| 保存(Save)"命令，将文件进行保存。然后选择"文件(File)| 整理工程(文件) (Dependencies)|收集文件 (Collect Files)"命令，将文件进行打包。

4.4　课后练习

1. 利用网盘中的"源文件\第 2 部分 基础实例\第 4 章 蒙版效果\课后练习\练习 1\ (Footage)\mask Comp 1\ mask.psd"图片 (如图 4-46 所示)，制作文字动画效果，如图 4-47 所示。参数可参考网盘中的"源文件\第 2 部分 基础实例\第 4 章 蒙版效果\课后练习 \练习 1\练习 1.aep"文件。

图 4-46　素材

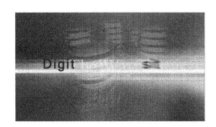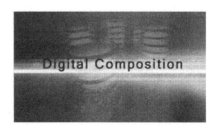

图 4-47　效果图

2. 利用网盘中的"源文件\第 2 部分 基础实例\第 4 章 蒙版效果\课后练习\练习 2 \ (素材) \mode Comp 1\mode.psd"图片 (如图 4-48 所示)，制作不同图层的图片切换的蒙版动画效果，如图 4-49 所示。参数可参考网盘中的"源文件\第 2 部分 基础实例\第 4 章 蒙版效果\课后练习 \课后练习\练习 2\练习 2.aep"文件。

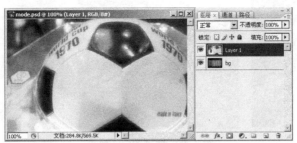

图 4-48 素材

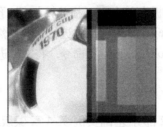

图 4-49 效果图

第3部分 特 效 实 例

第5章　破碎效果

本章重点：

破碎效果是影视广告中常见的一种特效，利用 After Effects CC 2018 中的"碎片 (Shatter)"特效可以十分方便地制作出这种特效。本章将通过两个实例来具体讲解"碎片 (Shatter)"特效在实际制作中的具体应用。通过本章的学习，读者应掌握"碎片 (Shatter)"特效的使用方法。

5.1　逐个打碎的文字

 要点：

本例将制作由数字碎片逐个组成文字的效果，如图5-1所示。通过本例的学习，读者应掌握如何使用"碎片 (Shatter)"特效、"Light Factory (光工厂)"外挂特效和"启用时间重映射 (Enable Time Remapping)"命令来实现时间回放。

图 5-1　逐个打碎的文字效果

操作步骤：

1. 制作"文字破碎"合成图像

1) 启动 After Effects CC 2018。选择"文件 (File) | 导入 (Import) | 文件 (File)"命令，导入网盘中的"源文件\第 3 部分 特效实例\第 5 章 破碎效果\5.1 逐个打碎的文字\ (素材) \2.psd"文件。

提示：由于PSD文件含有图层，因此会弹出如图5-2所示的对话框，此时需要分别导入"文字"和"背景"两个图层，如图5-3所示。

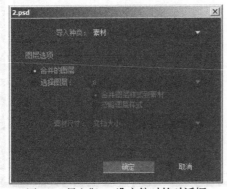 

图 5-2　导入"2.psd"文件时的对话框　　　图 5-3　导入"文字"和"背景"两个图层

2）创建一个与"背景 /2.psd"图片等大的合成图像。方法为：同时选择"项目（Project）"窗口中的"背景 /2.psd.psd"和"文字 /2.psd.psd"文件，将它们拖到 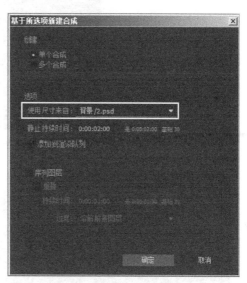（新建合成）按钮上，如图 5-4 所示。在弹出的对话框中设置参数，如图 5-5 所示，单击"确定"按钮，此时，After Effects CC 2018 会自动生成尺寸与素材相同的合成图像，然后将合成图像重命名为"文字破碎"。

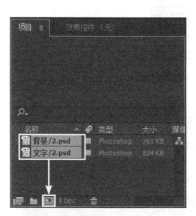

图 5-4　将素材拖到 按钮上

图 5-5　设置合成图像参数

3）将文字图层转换为三维图层，然后新建"摄像机 1"图层，如图 5-6 所示。接着按〈C〉键，在合成窗口中调整摄像机 1 的角度，效果如图 5-7 所示。

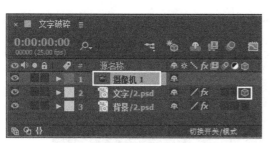

图 5-6　创建"摄像机 1"图层

图 5-7　调整摄像机 1 的角度

4）制作文字逐个打碎动画。方法为：在"时间线"窗口中选择"文字 /2.psd"图层，选择"效果（Effect）| 模拟（Simulation）| 碎片（Shatter）"命令，给它添加一个"碎片（Shatter）"特效，然后设置参数，如图 5-8 所示。接着在"形状（Shape）"中设置碎片形状，并在"作用力 1（Force 1）"下设置关键帧动画，如图 5-9 所示，从而制作出文字从右往左逐个打碎的效果。此时可以选择"时间线"窗口中的"文字"图层，按〈U〉键，查看关键帧的分布，如图 5-10 所示。

5）为了美观，下面对"背景 /2.psd"图层添加光晕效果。方法为：选择"背景 /2.psd"图层，然后选择"效果（Effect）| Knoll Light Factory | Light Factory（光工厂）"命令，给它添加一个"Light Factory（光工厂）"特效，效果如图 5-11 所示。

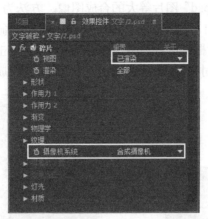

图 5-8　设置"碎片 (Shatter)"参数

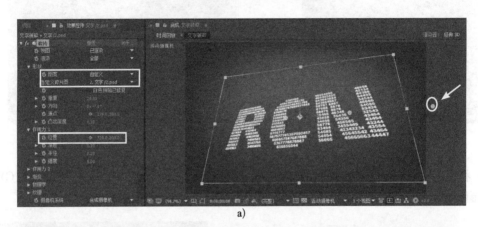

a)

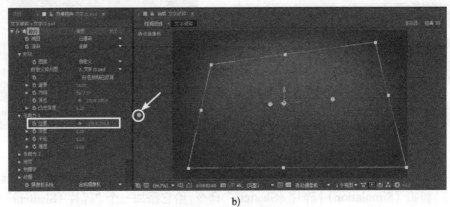

b)

图 5-9　设置关键帧动画

a) 第 0 帧　　b) 第 90 帧

　　6) 调整光效中心点的位置。方法为：在"效果控件 (Effect Controls)"面板中调节"光源点位置 (Light Source Location)"参数，如图 5-12 所示，效果如图 5-13 所示。

　　7) 在"预览 (Preview)"面板中单击▶（播放）按钮，预览动画，效果如图 5-14 所示。

图 5-10　查看关键帧的分布

图 5-11　添加"Light Factory（光工厂）"后的效果

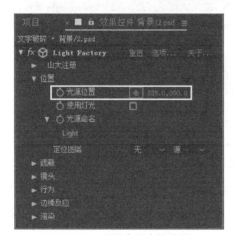

图 5-12　设置光源点的位置

图 5-13　调整光源点位置参数后的效果

图 5-14　预览动画效果

2. 制作"时间回放"合成图像

1) 选择"项目"窗口中的"文字破碎"素材,将其拖到 ▣ (新建合成) 按钮上,从而生成一个尺寸与素材相同的合成图像。然后将其重命名为"时间回放"。

2) 拖动时间线观察一下,确认文字完全打碎后消失的时间 (第 3 秒 14 帧),如图 5-15 所示。然后按〈Ctrl+Shift+D〉组合键,将"时间线"窗口分割成两层,如图 5-16 所示。接着选择 3 秒 14 帧后的图层,按〈Delete〉键进行删除,此时时间线"窗口"如图 5-17 所示。

图 5-15 将时间定位在第 3 秒 14 帧

图 5-16 将时间线分割成两层

图 5-17 时间线分布

3) 制作文字由碎片逐渐组合成文字效果。方法为:选择"文字破碎"图层,然后选择"图层 (Layer) | 时间 (Time) | 时间反向图层 (Time-Reverse Layer)"命令,从而使图层时间反转。

4) 在"预览 (Preview)"面板中单击 ▶ (播放) 按钮,预览动画,效果如图 5-18 所示。

图 5-18 预览动画效果

5）此时，碎片组成文字后会马上消失，显得有些仓促，而本例需要文字组成后保持组成的状态，下面来解决这个问题。方法为：双击"项目（Project）"窗口中的"文字破碎"合成图像，将时间线放置到第 0 帧。然后选择"合成（Composition）|帧另存为（Save Frame As）|文件（File）"命令，在弹出的"渲染队列（Render Queue）"对话框中分别设置"渲染设置（Render Settings）""输出模块（Output Module）设置"和"将帧输出到（Output To）"参数，如图 5-19 所示，再单击"渲染（Render）"按钮，将文件输出。

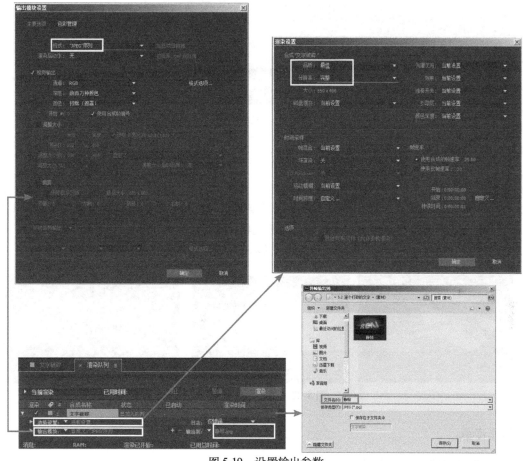

图 5-19　设置输出参数

6）双击"项目(Project)"窗口中的"时间回放"合成图像，然后选择"文件(File)|导入(Import)|文件（File）"命令，导入刚才保存的"静帧 .jpg"图片，然后将它拖入"时间线"窗口，并放置在最底层，入点为第 3 秒 15 帧，如图 5-20 所示。

7）在"预览（Preview）"面板中单击▶（播放）按钮，预览动画，最终效果如图 5-21 所示。

8）选择"文件（File）|保存（Save）"命令，将文件进行保存。然后选择"文件（File）|整理工程（文件）（Dependencies）|收集文件（Collect Files）"命令，将文件进行打包。

图 5-20　将"静帧 .jpg"拖入"时间线"窗口

图 5-21　最终效果

5.2　飞机爆炸

要点:

本例将制作类似影片"黑客帝国"中"时间凝固"的效果,整个动画过程为飞机由静止开始爆炸,然后在爆炸过程中停止一段时间,接着旋转,最后碎片落下的效果,如图5-22所示。通过本例的学习,应掌握"碎片"特效、"Shine(光芒)外挂"特效和照明层的应用。

图 5-22　飞机爆炸效果

操作步骤:

1. 制作"飞机"合成图像

1) 启动 After Effects CC 2018,然后选择"文件 (File) | 导入 (Import) | 文件 (File)"命令,导入网盘中的"素材及结果 \5.2 飞机爆炸 \(素材) \飞机 .tga"图片。

2) 创建一个与"飞机 .tga"图片等大的合成图像。方法为:选择"项目(Project)"窗口中的"飞机 .tga"素材图片,将它拖到 ▦ (新建合成) 按钮上,如图 5-23 所示,从而生成一个尺寸与素材相同的合成图像。然后将其命名为"飞机",此时"项目"窗口如图 5-24 所示。

3) 为了更好地查看爆炸效果,下面增大合成图像尺寸。方法为:选择"合成 (Composition) | 合成设置 (Composition Settings)"命令,在弹出的对话框中按图 5-25 所示设置,单击"确定"按钮,完成设置。

图 5-23　将素材拖到 ▣ 按钮上　　　　　图 5-24　命名为"飞机"

2. 制作飞机爆炸效果

1) 选择"项目 (Project)"窗口中的"飞机"合成图像，将它拖到 ▣ （新建合成）按钮上。然后将其命名为"飞机爆炸"，此时"项目"窗口如图 5-26 所示。

2) 在"时间线"窗口中选择"飞机"图层，选择"效果（Effect）| 模拟（Simulation）| 碎片（Shatter）"命令，给它添加一个"碎片（Shatter）"特效。为了使爆炸后碎片以实体显示，下面在"效果控件（Effect Controls）"中设置"碎片 (Shatter)"特效的"视图（View）"类型为"已渲染（Rendered）"，如图 5-27 所示，效果如图 5-28 所示。

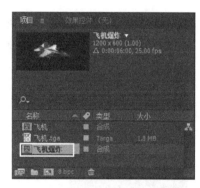

图 5-25　设置合成图像参数　　　　　图 5-26　创建"飞机爆炸"合成图像

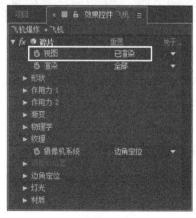

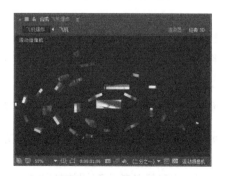

图 5-27　选择"已渲染"　　　　　图 5-28　实体渲染效果

提示：一定要在"飞机爆炸"合成图像中添加"碎片（Shatter）"特效，而不能在"飞机"合成图像中添加。这是因为"飞机"合成图像的尺寸已经加大，如果此时对"飞机"合成图像的"飞机"图层添加"碎片（Shatter）"特效，会产生如图5-29所示的错误结果。为了避免这种错误，我们创建了"飞机爆炸"合成图像。

图 5-29　在"飞机"图层添加"碎片"特效的效果

3）此时飞机碎片尺寸过大，数量过少，形状十分规则，厚度过厚。解决方法为：调整"碎片（Shatter）"中的"形状"参数，如图5-30所示，效果如图5-31所示。

提示："图案（Pattern）"参数控制碎片类型；"重复（Repetitions）"参数控制碎片数量；"凸出深度（Extrusion Depth）"参数控制碎片厚度。

图 5-30　调整"形状"相应参数

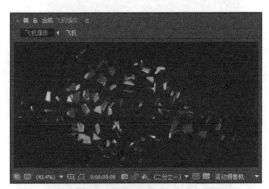

图 5-31　调整"形状"相应参数后的效果

4）设置两个爆炸点的位置及爆炸方式。方法为：在"效果控件（Effect Controls）"面板中设置"作用力1（Force 1）"和"作用力2（Force 2）"的参数，如图5-32所示。

提示："作用力1（Force 1）"为正值，表示它是主爆炸点，爆炸从里往外炸开；"作用力1（Force 1）"为负值，表示它是受"作用力1（Force 1）"影响挤压后炸开，爆炸从外往里炸开。

5）制作飞机开始静止然后爆炸的效果。方法为：在"效果控件（Effect Controls）"面板中设置"作用力1（Force 1）"和"作用力2（Force 2）"的"深度（Depth）"的关键帧参数，如图5-33所示，从而制作出飞机从静止到爆炸的效果。

图 5-32　设置两个爆炸点的位置及爆炸方式

a)

b)

图 5-33　设置"作用力 1 (Force 1)"和"作用力 2 (Force 2)"的"深度 (Depth)"的关键帧参数

a) 第 20 帧　　b) 第 21 帧

提示："深度（Depth）"用于控制力的深度，即力在Z轴上的位置。

6）制作飞机爆炸中"时间凝固"的效果。方法为：在"效果控件（Effect Controls）"面板中设置"物理学（Physics）"中的"粘度（Viscosity）"的关键帧参数，如图 5-34 所示，从而制作出飞机爆炸过程中静止的效果。

a)　　　　　　　　　　　　　　b)

图 5-34　设置"物理学"中的"粘度"的关键帧参数

a) 第 2 秒　　b) 第 2 秒 01 帧

提示："粘性"参数控制碎片的粘度，取值范围为 0～1。较高的值可使碎片聚集在一起。此外，为了便于观看，此时将"重力"设置为"0.00"。

7) 制作飞机爆炸过程中静止后旋转一周的效果。方法为：在"效果控件 (Effect Controls)"面板中设置"摄像机位置 (Camera Position)"中的"Y 轴旋转 (Y Rotation)"的关键帧参数，如图 5-35 所示，从而制作出飞机爆炸过程中"时间凝固"后的旋转效果。

8) 此时飞机旋转过程中有些时候光线过暗，如图 5-36 所示。为此需要添加一个照明层。方法为：在"时间线"窗口中单击右键，在弹出的快捷菜单中选择"新建 (New) | 灯光 (Light)"

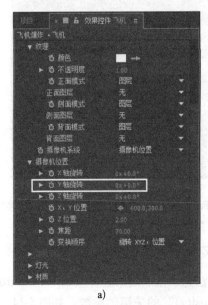
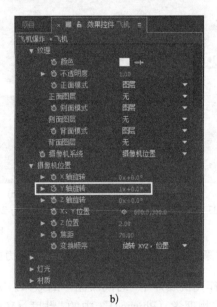

a)　　　　　　　　　　　　　　b)

图 5-35　设置"摄像机位置"中的"Y 轴旋转"的关键帧参数

a) 第 2 秒 10 帧　　b) 第 4 秒 10 帧

命令。然后在弹出的对话框中设置参数，如图 5-37 所示，单击"确定"按钮。接着在"时间线"窗口中选择"飞机"图层，在"效果控件 (Effect Controls)"面板中设置"灯光类型 (Lighting Type)"参数，如图 5-38 所示，效果如图 5-39 所示。

提示：此时碎片在旋转过程中光线过暗的区域不止一处，因此可多设置几个照明的位置关键帧。

9）制作爆炸碎片旋转后落下的效果。方法为：在"效果控件（Effect Controls）"面板中

图 5-36　光线过暗

图 5-37　设置"灯光"参数

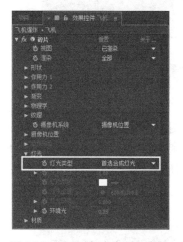

图 5-38　设置"灯光类型"参数

图 5-39　添加"灯光"后的效果

设置"物理学"中的"重力 (Gravity)"的关键帧参数，如图 5-40 所示，从而制作飞机开始爆炸时由于爆炸力很强不受重力影响，爆炸最后随重力影响落下的效果。

3. 制作"爆炸火焰"合成图像

1）选择"项目"窗口中的"飞机爆炸"合成图像，将它拖到 ▦（新建合成）按钮上。然后将其命名为"爆炸火焰"。

2）选择"飞机爆炸"图层，在第 20 帧按快捷键〈Ctrl+Shift+D〉，将其分割成两层。然后

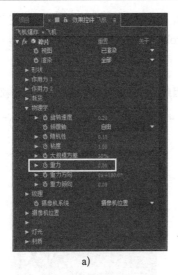 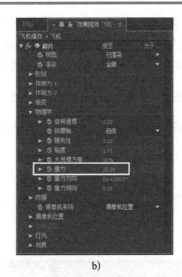

a)   b)

图 5-40　设置"重力"的关键帧参数

a) 第 4 秒 15 帧　　b) 第 4 秒 16 帧

将分割后的图层命名为"火焰",如图 5-41 所示。

　　提示:由于第 20 帧以前飞机没有爆炸,也不存在爆炸火焰,因此要将它分割成两部分。

图 5-41　将分割后的图层命名为"火焰"

　　3) 制作碎片爆炸时的发光效果。方法为:选择"火焰"图层,执行菜单中的"效果 (Effect) | Trapcode | Shine"命令,给它添加一个"Shine (发光)"特效。然后在"效果控件 (Effect Controls)"面板中设置参数,如图 5-42 所示,效果如图 5-43 所示。

 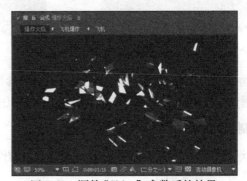

图 5-42　设置"Shine"参数　　　　　　　　图 5-43　调整"Shine"参数后的效果

4）制作爆炸火焰由小变大的效果。方法为：按快捷键〈Ctrl+D〉复制"火焰"图层，然后选择复制后的"火焰 2"图层，在"效果控件 (Effect Controls)"面板中设置"Ray Length（射线长度）"关键帧的参数，效果如图 5-44 所示。

5）为了突出爆炸火焰效果，下面复制"火焰 2"图层，从而产生"火焰 3"图层。然后调整图层顺序，如图 5-45 所示，从而使爆炸碎片突出显示，效果如图 5-46 所示。

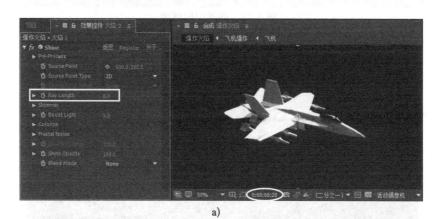

a)

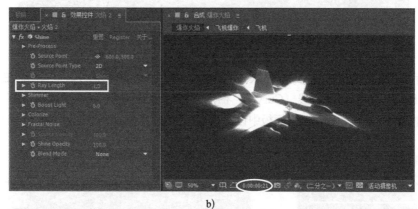

b)

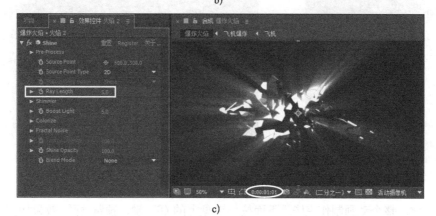

c)

图 5-44　设置"火焰 2"图层"Ray Length（射线长度）"关键帧的参数

a）第 20 帧　　b）第 21 帧　　c）第 1 秒 01 帧

图 5-45 调整图层顺序

图 5-46 调整图层顺序后的爆炸效果

6）为了突出碎片的金属感。接下来选择最上面的"火焰"图层，选择"效果（Effect）| 颜色校正（Color Collection）| 曲线（Curves）"命令，给它添加一个"曲线（Curves）"特效。接着在"效果控件（Effect Controls）"面板中设置参数，如图 5-47 所示，效果如图 5-48 所示。

图 5-47 设置"曲线"参数

图 5-48 调整"曲线"参数后的效果

7）至此，整个动画制作完毕。下面按小键盘上的〈0〉键，预览动画，效果如图 5-49 所示。

8）选择"文件（File）| 保存（Save）"命令，将文件进行保存。然后选择"文件（File）| 整理工程（文件）（Dependencies）| 收集文件（Collect Files）"命令，将文件进行打包。

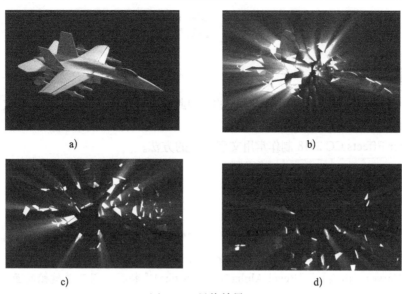

图 5-49　最终效果

a) 静止　b) 爆炸　c)"时间凝固"后开始旋转　d) 碎片落下

5.3　课后练习

1. 利用网盘中的"源文件\第 3 部分 特效实例\第 5 章 破碎效果\课后练习\练习 1 \（素材）\ after effects.psd""after effects-M.psd""background-R.psd""goldlasi.jpg""motion graphics.psd""motion graphics-M.psd"文件，制作文字打碎效果，如图 5-50 所示。参数可参考网盘中的"源文件 \ 第 3 部分 特效实例 \ 第 5 章 破碎效果 \ 课后练习 \ 练习 1\ 练习 1.aep"文件。

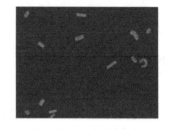

图 5-50　练习 1 效果

2. 制作模拟三维图像破碎效果，如图 5-51 所示。参数可参考网盘中的"源文件\第 3 部分 特效实例\第 5 章 破碎效果\课后练习\练习 2\ 练习 2.aep"文件。

图 5-51　练习 2 效果

第6章　文字效果

本章重点：

在影视片头中，文字的出现频率是很高的，因此制作有新意、有创意的文字效果十分重要。本章将通过 4 个实例来具体讲解文字特效在实际制作中的具体应用。通过本章的学习，读者应掌握使用 After Effects CC 2018 制作常用文字特效的方法。

6.1　金属字和玻璃字效果

 要点：

本例将制作金属字的动画效果，如图6-1所示。通过本例的学习，应掌握"梯度渐变（Ramp）""Curves（曲线）""Bevel Alpha（斜面Alpha）"特效，以及关键帧动画、层模式和重组合成图像的应用。

图 6-1　金属和玻璃字效果

操作步骤：

1. 创建金属文字效果

1) 启动 After Effects CC 2018,选择"合成(Composition)|新建合成(New Composition)"命令，创建一个新的合成图像，然后在弹出的"合成设置 (Composition Settings)"对话框中设置参数，如图 6-2 所示，单击"确定"按钮，完成设置。

2) 创建文字。方法为：选择"图层 (Layer)|新建 (New)|文本 (Text)"命令，在"合成"窗口中输入"数字中国"，在"文字"面板中设置参数，如图 6-3 所示，效果如图 6-4 所示。

3) 对文字进行渐变处理。方法为：在"时间线"窗口中选择上一步新建的文字图层，然后选择"效果(Effect)|生成(Generate)|梯度渐变(Ramp)"命令,给它添加一个"梯度渐变(Ramp)"特效。接着在"效果控件(Effect Controls)"面板中设置参数,如图 6-5 所示,效果如图 6-6 所示。

　提示：这一步的目的是给文字制作金属质感的明暗关系变化。因为金属表面的反射率很高，所以用此效果来模拟反射光线的明暗程度。

图 6-2　设置合成图像参数

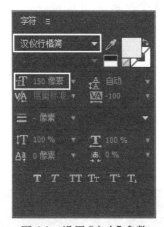

图 6-3　设置"文本"参数

图 6-4　输入文字后的效果

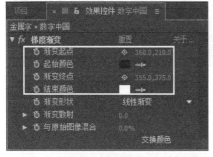

图 6-5　设置"梯度渐变 (Ramp)"参数

图 6-6　调整"梯度渐变 (Ramp)"参数后的效果

4）对文字进行立体处理。方法为：选择"数字中国"图层，然后选择"效果 (Effect) | 透视 (Perspective) | 斜面 Alpha (Bevel Alpha)"命令，给它添加一个"斜面 Alpha (Bevel Alpha)"特效。接着在"效果控件 (Effect Controls)"面板中设置参数，如图 6-7 所示，效果如图 6-8 所示。

提示：使用"斜面 Alpha"效果的目的是使文字变得立体感更强一些。在效果属性控制中，可以调整用来模拟现实世界中灯光强度、灯光照射方向和凸起厚度的参数，以此来实现三维效果。

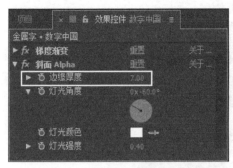

图 6-7　设置"斜面 Alpha"参数

图 6-8　调整"斜面 Alpha"参数后的效果

5）对文字进行曲线处理。方法为：选择"效果 (Effect) | 颜色校正 (Color Correction) | 曲线 (Curves)"命令，给它添加一个"曲线 (Curves)"特效。然后在"效果控件 (Effect Controls)"面板中展开"曲线(Curves)"栏，在曲线图中增加 3 个控制点，并调整控制点的位置，如图 6-9 所示，效果如图 6-10 所示。

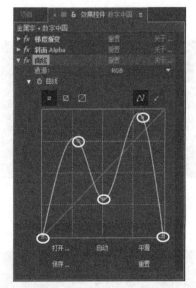

图 6-9　调整控制点的位置

图 6-10　调整控制点后的效果

6）在"时间线"窗口中选择"数字中国"图层，然后按〈Ctrl+D〉组合键两次，从而复制出"数字中国 2"和"数字中国 3"图层，如图 6-11 所示。

图 6-11　复制出"数字中国 2"和"数字中国 3"图层

7）展开"数字中国 3"图层的"斜面 Alpha"效果的"灯光角度 (Light Angle)"属性栏，将时间线移至第 0 帧的位置，打开关键帧记录器，将数值设置为"–70°"，如图 6-12 所示。然后将时间线移至第 3 秒的位置，将"灯光角度 (Light Angle)"值设置为"100°"，如图 6-13 所示。

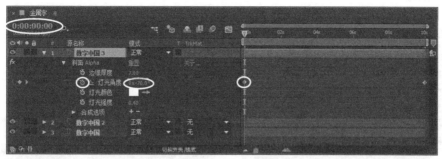

图 6-12　在第 0 帧设置"灯光角度 (Light Angle)"的值

图 6-13　在第 10 秒设置"灯光角度 (Light Angle)"的值

8）同理，展开"数字中国 2"图层的"斜面 Alpha"效果的"灯光角度 (Light Angle)"属性栏，将时间线移至第 0 帧的位置，打开关键帧记录器，将数值设置为"50°"。然后将时间线移至第 3 秒的位置，将"灯光角度 (Light Angle)"值设置为"–20°"。

提示：第 7）步与第 8）步的目的是通过改变"灯光角度 (Light Angle)"的值来改变灯光照射的方向，从而改变字体的阴影与高光的交互变化，产生光影流动的效果。

9）在"时间线"窗口中打开"层模式"面板，分别将"数字中国 2""数字中国 3"的层模式设置为"柔光 (Soft Light)"模式与"相加 (Add)"模式，如图 6-14 所示，效果如图 6-15 所示。

图 6-14　调整层模式

图 6-15　调整层模式后的效果

10）此时，文字的金属质感已经显示出来。为便于观看，下面为其添加一个彩色的背景。方法为：选择"图层 (Layer) | 新建 (New) | 纯色 (Solid)"命令，在弹出的对话框中设置参数，如图 6-16 所示，单击"确定"按钮。接着将"背景"图层放置到最底层，如图 6-17 所示，效果如图 6-18 所示。

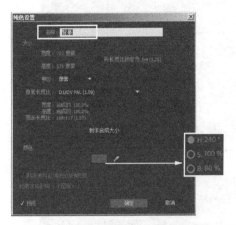

图 6-16　设置"背景"图层参数

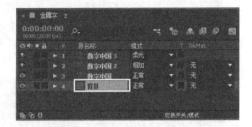

图 6-17　将"背景"图层放置到最底层

图 6-18　金属字效果

2. 创建玻璃字效果

玻璃字效果是通过重组合成图像来完成的。

1）将"合成 1"合成图像重命名为"金属字"，然后单击"背景"图层前的 ◉ 图标，将其进行隐藏，如图 6-19 所示。

图 6-19　隐藏"背景"图层

2）选择"合成 (Composition) | 新建合成 (New Composition)"命令，创建一个新的合成图像，然后在弹出的"合成设置 (Composition Settings)"对话框中设置参数，如图 6-20 所示，单击"确定"按钮，完成设置。

3) 在"项目(Project)"窗口中将"金属字"拖入"玻璃字"合成图像的"时间线"窗口中,如图 6-21 所示。

图 6-20 设置合成图像参数

图 6-21 将"金属字"拖入"玻璃字"合成图像

4) 新建蓝色纯色层,然后将其放置到最底层。接着将"金属字"图层的层模式改变为"屏幕(Screen)",如图 6-22 所示。此时即可看到玻璃字效果,如图 6-23 所示。

图 6-22 改变层模式

图 6-23 玻璃字效果

5) 在"预览(Preview)"面板中单击 ▶ (播放) 按钮 (按键盘上的空格键),预览动画,效果如图 6-24 所示。

图 6-24 玻璃字动画效果

6) 选择"文件(File)| 保存(Save)"命令,将文件进行保存。然后选择"文件(File)| 整理工程 (文件) (Dependencies) | 收集文件 (Collect Files)"命令,将文件进行打包。

6.2 带背景音乐的手写字效果1

要点：

本例将制作一个带背景音乐的手写字效果，如图6-25所示。通过本例的学习，读者应掌握利用钢笔工具绘制路径、"描边"特效、缓动关键帧、添加音乐和调节音量的应用。

图 6-25　带背景音乐的手写字效果

操作步骤：

1. 制作手写字动画效果

1）启动 After Effects CC 2018，选择"合成（Composition）|新建合成（New Composition）"命令，在弹出的"合成设置（Composition Settings）"对话框中设置参数，如图 6-26 所示，单击"确定"按钮，创建一个新的合成图像。

2）选择工具箱中的 （横排文字工具）输入文字，然后在"字符（Character）"面板中将"字体"设置为"字魂 110 号 - 武林江湖体"，"字体大小"设置为 160 像素。接着利用"对齐"面板将其居中对齐，效果如图 6-27 所示。

提示："字魂110号-武林江湖体"可在配套资源"6.2　带背景音乐的手写字效果1\素材及结果"中下载。

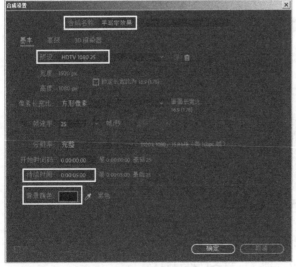

图 6-26　设置合成图像参数

图 6-27　输入文字

3) 绘制文字路径。方法为：选择"凡凡的视频特效"图层，然后利用工具箱中的 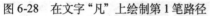 （钢笔工具）在文字"凡"上绘制第 1 笔路径，如图 6-28 所示。接着在"凡凡的视频特效"图层上单击，从而保证下一笔绘制的路径在一个新的蒙版上，再绘制文字"凡"的第 2 笔路径，如图 6-29 所示，此时"时间线"窗口如图 6-30 所示。

图 6-28　在文字"凡"上绘制第 1 笔路径

图 6-29　在文字"凡"上绘制第 2 笔路径

图 6-30　时间线分布

4) 同理，绘制出其余文字的笔画路径，如图 6-31 所示。

图 6-31　绘制出其余文字的笔画路径

5) 给文字添加描边效果。方法为：执行菜单中的"效果（Effect）|生成（Generate）|描边（Stroke）"命令，给它添加一个"描边（Stroke）"特效。然后在"效果控件（Effect Controls）"面板下"描边（Stroke）"特效中设置参数，如图 6-32 所示，效果如图 6-33 所示。

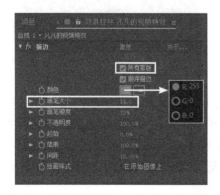

图 6-32　设置"描边（Stroke）"特效的参数

图 6-33　调整"描边（Stroke）"特效参数后的效果

6) 此时文字是红色的，下面显示出白色文字效果。方法为：在"效果控件（Effect Controls）"面板下"描边（Stroke）"特效中将"绘图模式（Mode）"设置为"显示在原始图像上（In Original）"，如图6-34所示，效果如图6-35所示。

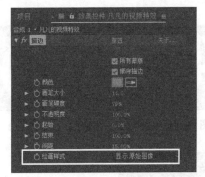

图6-34 将"绘图模式（Mode）"设置为"显示在原始图像上（In Original）"

图6-35 将"绘图模式（Mode）"设置为"显示在原始图像上（In Original）"的效果

7) 设置手写字动画。方法为：在"描边（Stroke）"特效中记录第0帧"结束（End）"关键帧，并将数值设置为0，如图6-36所示。然后在第4秒将"结束（End）"的数值设置为100。接着在"预览（Preview）"面板中单击▶（播放）按钮，预览动画，即可看到手写字动画效果，如图6-37所示。

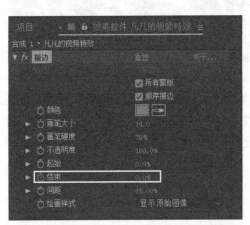

图6-36 记录第0帧"结束（End）"关键帧，并将数值设置为0

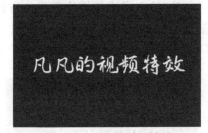

图6-37 手写字动画效果

8) 制作手写字的缓入缓出效果。方法为：选择"凡凡的视频特效"图层，按〈U〉键，显示出关键帧，如图6-38所示。然后框选两个"结束（End）"关键帧，单击右键，从弹出的快捷菜单中选择"关键帧辅助（Keyframe Assistant）| 缓动（Easy Ease）"（快捷键〈F9〉）命令。接着在"预览（Preview）"面板中单击▶（播放）按钮，预览动画，即可看到手写字动画的缓入缓出效果。

图 6-38　手写字缓入缓出效果

2. 添加手写字动画的背景音乐

1) 导入音乐素材。方法为：选择"文件（File）|导入（Import）|文件（File）"命令，导入网盘中的"源文件 \ 第 3 部分 特效实例 \ 第 6 章 文字效果 \6.2 带背景音乐的手写字效果 1\（素材）\ 鸟叫 .wma"和"铅笔书写的声音 .mp3"素材。然后将它们从"项目（Project）"窗口拖入"时间线"窗口，如图 6-39 所示。

图 6-39　将音乐素材拖入"时间线"窗口

2) 此时预览动画，会发现鸟叫的声音过小，而铅笔书写的声音过大。下面展开"鸟叫 .wma"图层的参数，然后将"音频电平"的数值设置为 10。接着展开"铅笔手写的声音 .mp3"图层，将"音频电平"的数值设置为 -10，如图 6-40 所示。

图 6-40　调节音量

3) 至此，整个动画制作完毕。下面选择"文件（File）|保存（Save）"命令，将文件进行保存。然后选择"文件（File）|整理工程（文件）（Dependencies）|收集文件（Collect Files）"命令，将文件进行打包。

6.3 手写字效果2

要点：

本例将利用"手写"特效制作随心所欲的具有粗细宽窄变化的中国古典书法字效果,如图6-41所示。通过本例的学习，应掌握"写入（Write-on）"特效的使用方法。

图 6-41　手写字效果

操作步骤：

1. 制作笔画粗细一致的手写字效果

1）启动 After Effects CC 2018，选择"合成（Composition）| 新建合成（New Composition）"命令，在弹出的对话框中设置参数，如图 6-42 所示，单击"确定"按钮。

2）选择"图层（Layer）| 新建（New）| 纯色（Solid）"命令，新建一个与合成图像等大的黑色纯色层。

3）选择"黑色 纯色层 1"，然后选择"效果（Effect）| 生成（Generate）| 写入（Write-on）"命令。

4）选择"黑色 纯色层 1"，然后利用工具栏中的✒钢笔工具绘制文字"福"的形状，如图6-43所示。

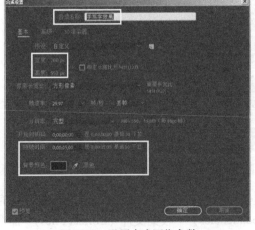

图 6-42　设置合成图像参数

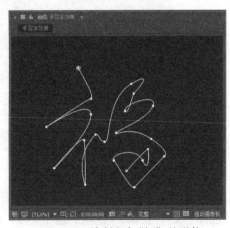

图 6-43　绘制文字"福"的形状

5) 在"时间线"窗口中展开"黑色 纯色层 1"，然后选择"蒙版路径 (Mask Path)"，如图 6-44 所示，在第 0 帧按快捷键〈Ctrl+C〉进行复制。接着选择"写入 (Write-on)"特效下的"画笔位置 (Brush Position)"选项，在第 0 帧按快捷键〈Ctrl+V〉进行粘贴，此时会发现在"画笔位置 (Brush Position)"效果上产生了大量的关键帧，如图 6-45 所示。

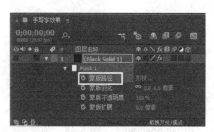

图 6-44　选择"蒙版路径 (Mask Path)"

图 6-45　在"画笔位置 (Brush Position)"粘贴特效后产生的关键帧

6) 此时预览会看到，画笔沿着文字"福"的形状进行绘制的效果，如图 6-46 所示。

图 6-46　画笔沿着文字"福"的形状进行绘制的效果

7) 但此时绘制的笔画是点而不是线，这是因为笔画间隔过大的缘故，下面在"效果控件 (Effect Controls)"面板中调整"笔画间距(秒) (Brush Spacing(secs))"为 0.001，如图 6-47 所示，效果如图 6-48 所示。

图 6-47 调整"笔画间距（秒）（Brush Spacing (secs)）"为 0.001

图 6-48 调整"笔画间距（秒）（Brush Spacing (secs)）"为 0.001 后的效果

8）此时预览动画会发现，绘制笔画的时间为 2 秒，有些急促，下面在"时间线"窗口中将"笔画间距（秒）（Brush Spacing (secs)）"的最后一个关键帧由第2秒移动到第3秒的位置，如图 6-49 所示。

9）按小键盘上的〈0〉键，预览动画，效果如图 6-50 所示。

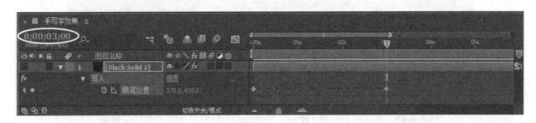

图 6-49 将"笔画间距（秒）（Brush Spacing (secs)）"的最后一个关键帧由第2秒移动到第3秒的位置

图 6-50 预览动画效果

2. 制作具有粗细宽窄变化的手写字效果

1）在"效果控件（Effect Controls）"面板中将"绘画时间属性"设置为"不透明度"，"画笔时间属性"设置为"大小和硬度"，然后录制第 0 帧"画笔大小（Brush Size）"的关键帧，并将数值设置为 25，如图 6-51 所示。再在第 1 帧，将"画笔大小（Brush Size）"设置为 28，效果如图 6-52 所示。接着在第 2 帧，将"画笔大小（Brush Size）"设置为 30，效果如图 6-53 所示。再在第 3 帧，将"画笔大小（Brush Size）"设置为 9，效果如图 6-54 所示。最后在第 4 帧，将"画笔大小（Brush Size）"设置为 0.8，效果如图 6-55 所示。

图 6-51　在第 0 帧设置"画笔大小（Brush Size）"特效的参数

图 6-52　第 1 帧的效果

图 6-53　第 2 帧的效果

图 6-54　第 3 帧的效果

图 6-55　第 4 帧的效果

2）同理，根据书法字的粗细宽窄的变化，逐帧调节笔触大小，最终效果如图 6-56 所示。

3）为了更加真实，下面将背景色改为红色，将手写文字改为黑色。方法为：选择"黑色纯色层 1"，然后选择"图层（Layer）|纯色设置（Solid Settings）"命令，在弹出的"纯色设置（Solid Settings）"对话框中将"颜色（Color）"改为红色，如图 6-57 所示，单击"确定"按钮。接着在"效果控件（Effect Controls）"面板中将书写"颜色（Color）"改为黑色，如图 6-58 所示。

4）至此，手写字效果制作完毕。下面按键盘上的空格键，预览动画，效果如图 6-59 所示。

图 6-56　调节笔触大小后的效果

5）选择"文件（File）|保存（Save）"命令，将文件进行保存。然后选择"文件（File）|整理工程（文件）（Dependencies）|收集文件（Collect Files）"命令，将文件进行打包。

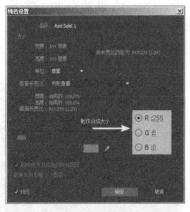

图 6-57 将纯色层颜色改为红色

图 6-58 将书写颜色改为黑色

图 6-59 预览动画效果

6.4 飞舞的文字效果

要点：

本例将制作娱乐节目中常见的文字飞舞效果，如图6-60所示。通过本例的学习，读者应掌握"动画"命令的应用。

图6-60 飞舞的文字效果

操作步骤：

1. 设置静态文字效果

1）启动 After Effects CC 2018，选择"合成 (Composition) | 新建合成 (New Composition)"命令，在弹出的对话框中设置参数，如图 6-61 所示，单击"确定"按钮。

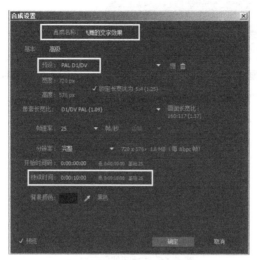

图 6-61　设置合成图像参数

2) 创建文字。方法为：选择"图层(Layer)| 新建(New)| 文本(Text)"命令，然后输入文字"Adobe After Effects CC"，并设置属性，如图 6-62 所示，效果如图 6-63 所示。

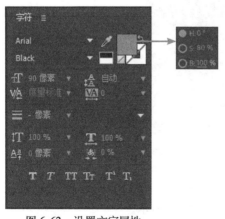

图 6-62　设置文字属性

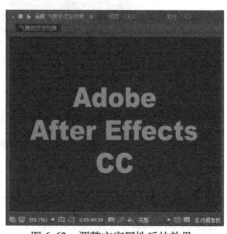

图 6-63　调整文字属性后的效果

3) 设置"动画(Animate)"的"位置(Position)"属性。方法为：在"时间线"窗口中展开"Adobe After Effects CC"图层，然后单击"动画 (Animate)"右侧的 ▶ 按钮，如图 6-64 所示。接着从弹出的快捷菜单中选择"位置 (Position)"命令，如图 6-65 所示，"时间线"窗口如图 6-66 所示。

图 6-64　单击"动画 (Animate)"右侧的 ▶ 按钮　　　图 6-65　选择"位置 (Position)"命令

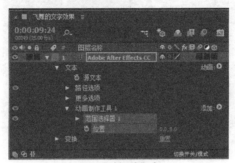

图 6-66　"时间线"窗口

4) 同理,单击"动画(Animate)"右侧的 ▶ 按钮,添加"缩放(Scale)""旋转(Rotation)"和"填充色相 (Fill Hue)"属性,然后设置参数,如图 6-67 所示。

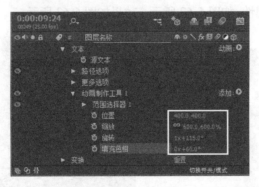

图 6-67　设置"位置(Position)""缩放 (Scale)""旋转(Rotation)"和"填充色相(Fill Hue)"参数

5) 设置摇摆参数。方法为:单击"添加 (Add)"右侧的 ▶ 按钮,从弹出的快捷菜单中选择"选择器 (Selector) | 摆动 (Wiggly)"命令,如图 6-68 所示。

6) 此时按小键盘上的〈0〉键,预览动画,可以看到文字随机跳动的动画效果。为便于以后手动调节参数,设置"摆动 (Wiggly)"参数,如图 6-69 所示,使文字静止下来,效果如图 6-70 所示。

7) 为便于观看,下面添加背景。方法为:选择"图层(Layer)| 新建(New)| 纯色(Solid)"命令 (快

图 6-68　选择"摆动（Wiggly）"命令

图 6-69　设置"摆动（Wiggly）"参数

图 6-70　调整"摆动（Wiggly）"参数后的效果

捷键为〈Ctrl+Y〉)，在弹出的对话框中单击 制作合成大小 （Make Comp Size）按钮，如图 6-71 所示。然后单击"确定"按钮，创建一个与合成图像等大的纯色层。

图 6-71　设置"纯色"参数

8）在"时间线"窗口中选择"背景"图层，然后选择"效果（Effect）|生成（Generate）|梯度渐变（Ramp）"命令，接着在"效果控件（Effect Controls）"面板中设置参数，如图6-72所示，效果如图6-73所示。

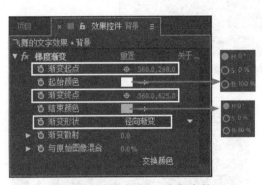

图6-72 设置"梯度渐变（Ramp）"参数　　　图6-73 调整"梯度渐变（Ramp）"参数后的效果

9）给文字添加倒角效果。方法为：在"时间线"窗口中选择"Adobe After Effects CC"图层，然后选择"效果（Effect）|透视（Perspective）|斜面Alpha（Bevel Alpha）"命令，接着在"效果控件（Effect Controls）"面板中设置参数，如图6-74所示，效果如图6-75所示。

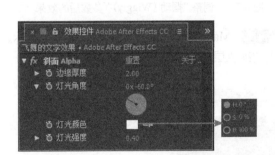

图6-74 设置"斜面Alpha（Bevel Alpha）"参数　　图6-75 调整"斜面Alpha（Bevel Alpha）"参数后的效果

10）给文字添加投影效果。方法为：在"时间线"窗口中选择"Adobe After Effects CC"图层，然后选择"效果（Effect）|透视（Perspective）|阴影（Drop Shadow）"命令，接着在"效果控件（Effect Controls）"面板中设置参数，如图6-76所示，效果如图6-77所示。

2. 制作文字间歇式跳动动画

1）在"时间线"窗口中选择"Adobe After Effects CC"图层，然后在第2秒的位置单击"时间相位（Temporal Phase）"和"空间相位（Spatial Phase）"前的 图标，添加关键帧，如图6-78所示。

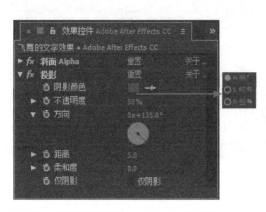

图 6-76 设置"阴影 (Drop Shadow)"参数　　　图 6-77 调整"阴影 (Drop Shadow)"参数后的效果

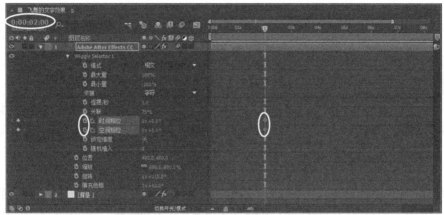

图 6-78 在第 2 秒的位置添加关键帧

2) 分别在第 2 ~ 7 秒设置参数,如图 6-79 所示。

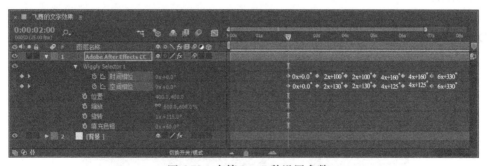

图 6-79 在第 2 ~ 7 秒设置参数

3) 在第 8 秒单击"位置 (Position)""缩放 (Scale)""旋转 (Rotation)"和"填充色相 (Fill Hue)"前面的图标,添加关键帧,然后在第 9 秒 24 帧设置参数,如图 6-80 所示。

图 6-80　在第 9 秒 24 帧设置参数

4）按小键盘上的〈0〉键，预览动画，效果如图 6-81 所示。

图 6-81　预览动画效果

5）为了使效果更加真实，下面对文字添加动态模糊效果。方法为：在"时间线"窗口中激活![icon]（运动模糊 - 模拟快门持续时间）和![icon]（为设置了"运动模糊"开关的所有图层启用运动模糊）两个按钮，如图 6-82 所示。然后按键盘上的空格键预览动画，即可看到动态模糊效果，如图 6-83 所示。

6）选择"文件(File)| 保存(Save)"命令，将文件进行保存。然后选择"文件(File)| 整理工程（文件）(Dependencies)| 收集文件（Collect Files）"命令，将文件进行打包。

图 6-82　激活![icon]（运动模糊 - 模拟快门持续时间）和![icon]（为设置了"运动模糊"开关的所有图层启用运动模糊）两个按钮

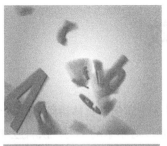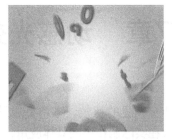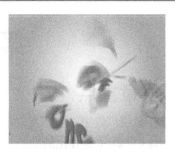

图 6-83　最终效果

6.5　课后练习

1. 制作飞舞的文字效果，如图 6-84 所示。参数可参考网盘中的"源文件\第 3 部分 特效实例\第 6 章 文字效果\课后练习\练习 1\练习 1.aep"文件。

2. 制作跳舞的文字效果，如图 6-85 所示。参数可参考网盘中的"源文件\第 3 部分 特效实例\第 6 章 文字效果\课后练习\练习 2\练习 2.aep"文件。

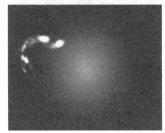

图 6-84　练习 1 效果

图 6-85　练习 2 效果

第7章　动感光效

本章重点：

在影视广告中，动感光效是十分常见的特效。本章将通过 3 个实例来具体讲解利用 After Effects CC 2018 制作出的动感光效在实际制作中的具体应用。通过对本章的学习，读者应掌握常用光效的制作方法。

7.1　胶片滑动

要点：

本例将制作胶片滑动的效果，如图7-1所示。通过对本例的学习，读者应掌握"对齐（Align）"面板、图层混合模式、"发光（Glow）"特效的应用，以及"位置（Position）"关键帧的设置方法。

图 7-1　胶片滑动的效果

操作步骤：

1. 制作"胶片"合成图像

1）导入素材。方法为：选择"文件（File）| 导入（Import）| 文件（File）"命令，导入网盘中的"源文件\第 3 部分 特效实例 \ 第 7 章 动感光效 \7.1 胶片滑动 \（素材）\ 胶片 .psd"文件。

　　提示：导入"胶片 .psd"文件时，在弹出的对话框的"素材尺寸"下拉列表中应选择"图层大小"选项，
　　　　　如图 7-2 所示，这样文件会以图层大小为依据导入图片，效果如图 7-3 所示；如果选择"文档大小"
　　　　　选项，文件会以文档大小为依据导入图片，效果如图 7-4 所示。

2）同理，导入网盘中的"源文件\第 3 部分 特效实例\第 7 章 动感光效\7.1 胶片滑动 \（素材）\背景 .jpg"图片和其他素材图片，此时"项目（Project）"窗口如图 7-5 所示。

图 7-3　选择"图层大小 (Layer Size)"选项导入的效果

图 7-2　选择"图层大小 (Layer Size)"选项　图 7-4　选择"文档大小 (Document Size)"选项导入的效果

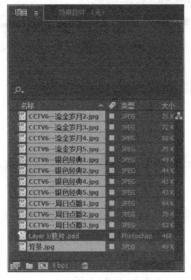

图 7-5　"项目 (Project)"窗口

3) 选择"项目 (Project)"窗口中的"Layer1/胶片.psd"素材图片, 然后将它拖到 ■ (新建合成) 按钮上, 生成一个尺寸与素材相同的合成图像。然后将其命名为"胶片", 如图 7-6 所示。

图 7-6　生成一个尺寸与"Layer1/胶片.psd"素材图片相同的合成图像

4) 将"项目 (Project)"窗口中胶片上的素材拖入"时间线"窗口, 然后按〈S〉键显示"缩放 (Scale)"属性, 接着将数值设置为"25%"(如图 7-7 所示), 从而与胶片匹配。

5) 将胶片上的素材调整为等距。方法为:选择"时间线"窗口中的所有素材图片(背景除外), 然后调整最左侧和最右侧图片的位置, 接着调出"对齐 (Align)"面板, 将"图层对齐到(Alin

Layers to)："设置为"选区（Selection）"，再单击█████和████按钮，如图7-8所示，效果如图7-9所示。

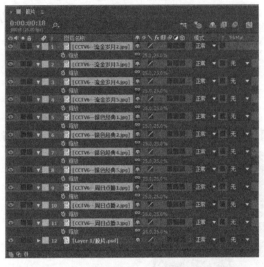

图7-7　将"缩放（Scale）"设置为"25%"

图7-8　单击████和████按钮

图7-9　素材等距分布效果

6）为了使胶片上的素材与胶片有机地结合，下面将所有素材图层的图层混合模式设置为"叠加（Overlay）"，如图7-10所示，效果如图7-11所示。

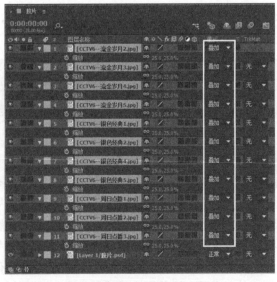

图7-10　将图层混合模式设置为"叠加（Overlay）"

图 7-11　"叠加 (Overlay)"效果

2. 制作"运动的胶片"合成图像

1) 将"项目 (Project)"窗口中的"背景 .jpg"拖到 ▨ (新建合成) 按钮上, 从而生成一个尺寸与素材相同的合成图像, 然后将其命名为"最终"。接着将"项目 (Project)"窗口中的"胶片"合成图像拖入"时间线"窗口, 放置在最顶层, 如图 7-12 所示, 效果如图 7-13 所示。

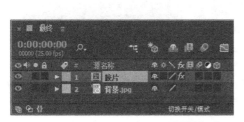

图 7-12　将"胶片"图层放置在最顶层

图 7-13　画面效果

2) 选择"胶片"图层, 然后选择"效果 (Effect) | 风格化 (Stylize) | 发光 (Glow)"命令, 给它添加一个"发光 (Glow)"特效。接着在"效果控件 (Effect Controls)"面板中设置参数, 如图 7-14 所示, 效果如图 7-15 所示。

图 7-14　设置"发光 (Glow)"参数

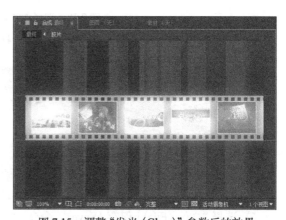

图 7-15　调整"发光 (Glow)"参数后的效果

3) 设置胶片运动。方法为:在"时间线"窗口中选择"胶片"图层, 按〈P〉键, 显示"位置

(Position)"设置。然后分别在第 0 帧和第 20 帧设置关键帧参数，如图 7-16 所示。接着按小键盘上的〈0〉键，预览动画，观看胶片从左向右运动的效果，如图 7-17 所示。

图 7-16　分别在第 0 帧和第 20 帧设置关键帧参数

图 7-17　胶片从左向右运动的效果

4）创建文字。方法为：在"时间线"窗口中右击，在弹出的快捷菜单中选择"新建 (New) | 文本 (Text)"命令，如图 7-18 所示。然后输入文字"数字中国 www.chinadv.com.cn"。

图 7-18　选择"文本 (Text)"命令

5）在"预览 (Preview)"面板中单击▶（播放）按钮，预览动画，效果如图 7-19 所示。

图 7-19　最终效果

6）选择"文件 (File) | 保存 (Save)"命令，将文件进行保存。然后选择"文件 (File) | 整理工程 (文件) (Dependencies) | 收集文件 (Collect Files)"命令，将文件进行打包。

7.2　可视化音频效果

要点:

　　本例将制作一个随着音乐节奏的起伏而变化的动态音频效果，如图7-20所示。通过本例的学习，读者应掌握绘制蒙版、轨道遮罩、预合成、图层混合模式以及"音频频谱（Audio spectrum）""发光（Glow）""高斯模糊（Gaussian Blur）"特效和外部插件"Particular"特效的应用。

图 7-20　可视化音频效果

操作步骤:

1. 制作圆形可视化音频效果

　　1）启动 After Effects CC 2018，选择"合成（Composition）|新建合成（New Composition）"命令，在弹出的对话框中设置如图 7-21 所示，单击"确定"按钮。

　　2）导入素材。方法为：选择"文件（File）|导入（Import）|文件（File）"命令，导入网盘中的"源文件\第 3 部分 特效实例\第 7 章 动感光效\7.2　可视化音频效果\（素材）\背景 .jpg"和"音乐 .mp3"素材，此时"项目（Project）"窗口如图 7-22 所示。

图 7-21　设置合成参数

图 7-22　"项目（Project）"窗口

3）将"项目（Project）"窗口中的"音乐 .mp3"素材拖入"时间线"窗口。

4）新建一个和合成等大的"音频频谱"纯色层。然后选择"效果（Effect）｜生成（Generate）｜音频频谱（Audio spectrum）"命令，此时会产生一条水平的音频频谱线，如图 7-23 所示。

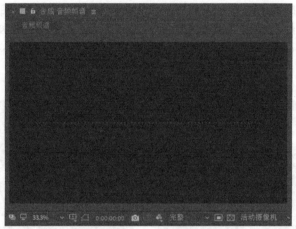

图 7-23　水平的音频频谱线

5）制作音频频谱随着音乐节奏的起伏而变化的效果。方法为：在"效果控件（Effect Controls）"面板的"音频频谱（Audio spectrum）"特效中将"音频层"设置为"2. 音乐 .mp3"，如图 7-24 所示，效果如图 7-25 所示。

图 7-24　将"音频层"设置为"2. 音乐 .mp3"

图 7-25　起伏变化的音频频谱效果

6）将直线型音频频谱转换为圆形音频频谱。方法为：选择工具箱中的 ⬤（椭圆工具），然后配合〈Ctrl+Shift〉键，绘制一个以单击点为中心的正圆形，然后在"效果控件"面板的"音频频谱"特效中将"路径"设置为"蒙版 1"（也就是绘制的正圆形），如图 7-26 所示，效果如图 7-27 所示。

图 7-26　将"路径"设置为"蒙版 1"

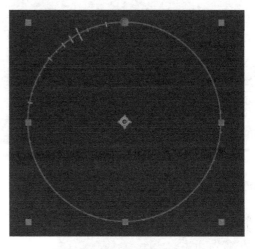

图 7-27　圆形音频频谱的效果

7）为了使音频频谱效果明显一些，下面将"音频频谱（Audio Spectrum）"特效中的"频段"设置为 80，"最大高度"设置为 2000，效果如图 7-28 所示。

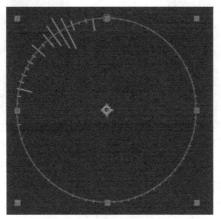

图 7-28　使音频频谱效果明显一些

8）此时音频频谱外围没有完全显示出来。下面将"音频频谱"图层的"蒙版 1"的混合模式由"相加（Add）"改为"无（None）"，如图 7-29 所示，效果如图 7-30 所示。

9）将音频频谱的颜色设置为蓝青色。方法为：将"内部颜色"设置为一种青色（RGB（0，200，255）），将"外部颜色"设置为一种蓝色（RGB（0，40，255）），如图 7-31 所示，效果如图 7-32 所示。

提示：此时为了便于观看效果，可以在"合成"窗口中单击下方的 ▨（切换蒙版和形状路径可视性）
　　　按钮，隐藏圆形路径。

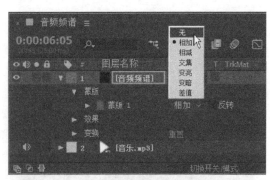

图7-29 将"蒙版1"的混合模式设置为"无"

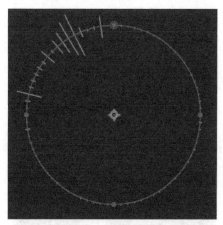

图7-30 完全显示出音频频谱的效果

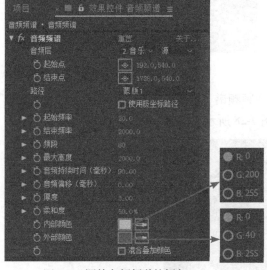

图7-31 调整音频频谱的颜色

图7-32 调整音频频谱颜色后的效果

10）添加多种音频线效果。方法为：选择"音频频谱"图层，按〈Ctrl+D〉键三次，复制出三个副本层，如图7-33所示。然后分别将四个"音频频谱"图层重命名为"音频频谱 - 数字""音频频谱 - 谱线A""音频频谱 - 谱线B"和"音频频谱 - 频点"，然后再在"音频频谱（Audio spectrum）"特效的"显示选项"和"面选项"中选择相应的选项，如图7-34所示，效果如图7-35所示。

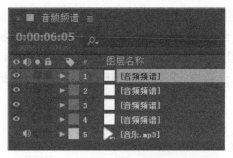

图7-33 复制出三个"音频频谱"图层

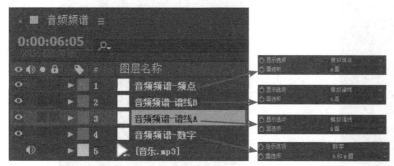

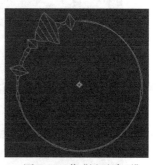

图 7-34　重命名图层并选择相应的"显示选项"和"面选项"

图 7-35　将"显示选项"设置为"数字"的效果

11) 此时频点效果不明显,下面打开"音频频谱 - 频点"图层的 ● (独奏) 按钮,如图 7-36 所示,单独显示该层效果。然后在"特效控件"面板将"音频频谱"特效的"厚度"设置为 7,"柔和度"设置为 0,"外部颜色"设置为一种浅蓝色 (RGB (50, 100, 255)),如图 7-37 所示,效果如图 7-38 所示。

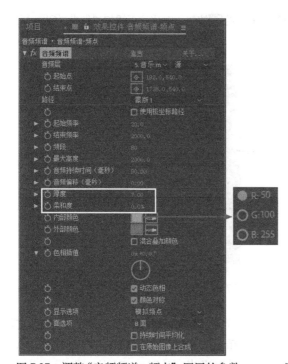

图 7-36　单独显示"音频频谱 - 频点"图层的效果

图 7-37　调整"音频频谱 - 频点"图层的参数

图 7-38　调整"音频频谱 - 频点"图层参数后的效果

12) 制作频点的跳跃感。方法为:关闭"音频频谱 - 频点"图层的 ● (独奏) 按钮,显示出全部,然后放大局部,效果如图 7-39 所示。接着在"特效控件 (Effect Controls)"面板中将"音频频谱 (Audio spectrum)"特效的"最大高度"设置为"3000",效果如图 7-40 所示。

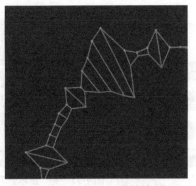

图 7-39　放大局部的效果

图 7-40　将"最大高度"设置为"3000"的效果

13) 制作频点的发光效果。方法为：选择"音频频谱 - 频点"图层，然后选择"效果（Effect）| 风格化（Stylize）| 发光（Glow）"命令，给它添加一个"发光（Glow）"特效，然后在"效果控件（Effect Controls）"面板将"发光（Glow）"特效的"发光阈值（Glow threshold）"设置为50%，"发光半径（Glow Radius）"设置为 10，如图 7-41 所示，效果如图 7-42 所示。

　　提示：此时可以通过关闭和开启"发光（Glow）"特效前的 ▣ 按钮，对比一下添加"发光（Glow）"特效前后的效果。

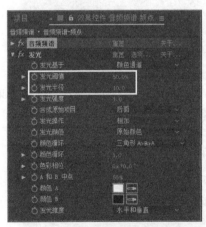

图 7-41　设置"发光"特效的参数

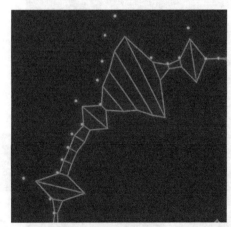

图 7-42　调整"发光"特效参数后的频点效果

14) 制作其余图层的发光效果。方法为：选择"音频频谱 - 谱线 B"图层，同样给它添加一个"发光（Glow）"特效，然后在"效果控件（Effect Controls）"面板中将"发光（Glow）"特效的"发光阈值（Glow threshold）"设置为 60%，"发光半径（Glow Radius）"设置为 30，如图 7-43 所示。接着选择"音频频谱 - 谱线 B"图层的"发光（Glow）"特效，按〈Ctrl+C〉键，进行复制，再分别选择"音频频谱 - 谱线 A"图层和"音频频谱 - 数字"图层，按〈Ctrl+V〉键，进行粘贴。

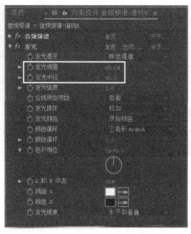

图 7-43 设置"音频频谱 - 谱线 B"图层"发光"特效的参数

15) 此时发光效果还不是很明显。下面新建一个"调整图层 1"图层,然后将其放置到最上方,如图 7-44 所示。然后给它添加一个"发光"特效,然后在"(Effect Controls)"面板中将"发光 (Glow)"特效的"发光阈值 (Glow threshold)"设置为 40%,"发光半径 (Glow Radius)"设置为 80,如图 7-45 所示,效果如图 7-46 所示。

图 7-44 新建一个"调整图层 1"图层,然后将其放置到最上方

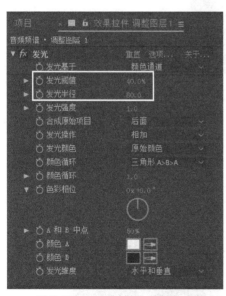

图 7-45 设置"发光"特效的参数

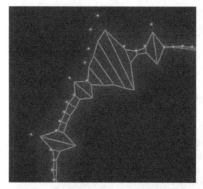

图 7-46 调整"发光"特效参数后的效果

16) 在"预览 (Preview)"面板中单击 ▶ (播放) 按钮,预览动画,效果如图 7-47 所示。

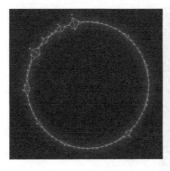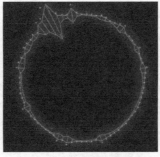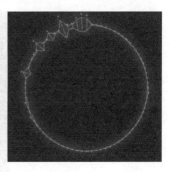

图 7-47   预览动画效果

2. 制作粒子从中心发射的效果

1) 新建一个名称"发射粒子",大小与合成图像等大的纯色层,如图 7-48 所示。然后选择"效果(Effect) |RG Trapcode|Particular"命令,给它添加一个"Particular"特效,效果如图 7-49 所示。

2) 设置发射粒子的形状。方法为:在"特效控件(Effect Controls)"下"Particular"特效中单击 [Designer...] 按钮,如图 7-50 所示。然后在弹出的对话框中左侧选择"Yellow Pyramids",

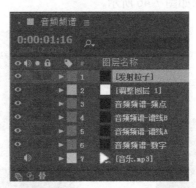

图 7-48   新建"发射粒子"图层

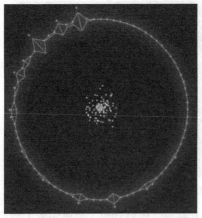

图 7-49   添加"Particular"特效的效果

图 7-50   单击 [Designer...] 按钮

再在下方选择"Particle Type"，接着在右侧"Particle Type"中选择"Textured Polygon"，再单击 Choose Sprite... 按钮，如图 7-51 所示，从弹出的对话框中选择"Bracket Light"，如图 7-52 所示，单击"OK"按钮，再单击"Apply"按钮，效果如图 7-53 所示。

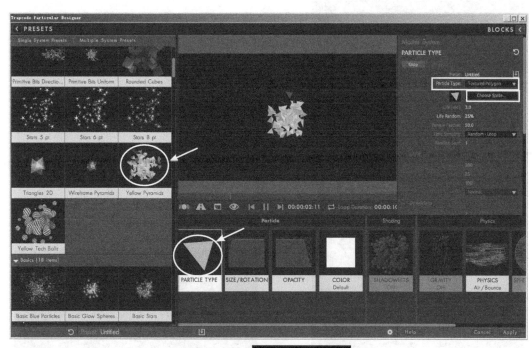

图 7-51　单击 Choose Sprite... 按钮

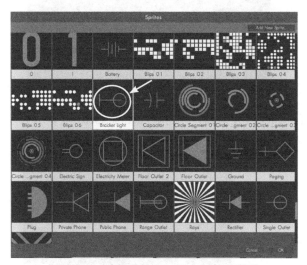

图 7-52　选择"Bracket Light"粒子类型

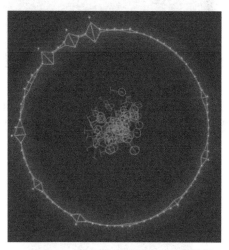

图 7-53　改变发射粒子类型后的效果

3) 调整粒子发射的速率，使粒子发射到圆环音频外。方法为：在"Particular"特效下将"Emitter（Master）（发射器）"中的"Velocity（速率）"设置为"400"，如图 7-54 所示，效果如图 7-55 所示。

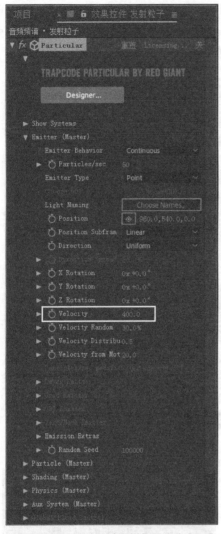

图 7-54 将"Velocity（速率）"设置为"400"

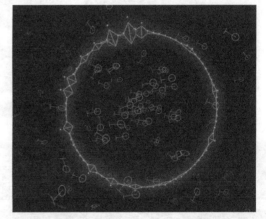

图 7-55 调整"Velocity（速率）"后的效果

4）此时粒子数量过多，下面将"Emitter（Master）（发射器）"中的"Particles/sec（粒子 / 秒）"设置为"20"，如图 7-56 所示，效果如图 7-57 所示。

图 7-56 将"Particles/sec（粒子 / 秒）"设置为"20"

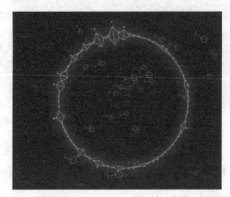

图 7-57 调整"Particles/sec（粒子 / 秒）"后的效果

5）调大粒子的尺寸。方法为：在"Particular"特效下"Particle（粒子）"中的"Size（大小）"设置为"60"，如图 7-58 所示，效果如图 7-59 所示。

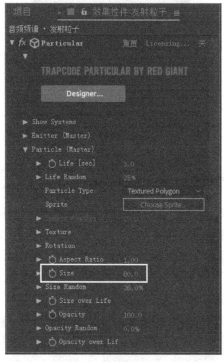

图 7-58　将"Size（大小）"设置为"60"

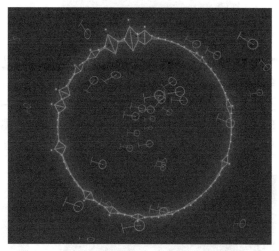

图 7-59　调整"Size（大小）"后的效果

6）降低粒子的透明度。方法为：将"Particle（粒子）"中"Opacity Random（不透明度随机）"设置为"100%"，将"Opacity（透明度）"设置为"60"，如图 7-60 所示，效果如图 7-61 所示。

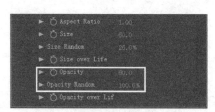

图 7-60　调整粒子的透明度参数

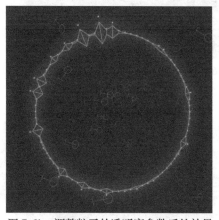

图 7-61　调整粒子的透明度参数后的效果

7）将粒子颜色设置为蓝色。方法为：选择"发射粒子"图层，然后选择"效果（Effect）| 生成（Generate）| 填充（Fill）"命令,给它添加一个"填充（Fill）"特效。接着在"效果控件（Effect Controls）"下"填充（Fill）"特效中将"颜色（Color）"设置为一种蓝色（RGB（0，130，255）），如图 7-62 所示，效果如图 7-63 所示。

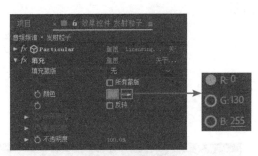

图 7-62 设置"填充"颜色

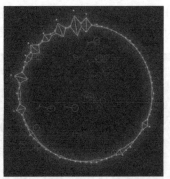

图 7-63 调整"填充"颜色后的效果

8）制作粒子从内往外逐渐变清晰的效果。方法为：新建一个名称"遮罩"，大小与合成图像等大的纯色层。然后选择工具栏中的 ⬭ （椭圆工具）命令，配合〈Ctrl+Shift〉键，在"遮罩"层上绘制一个以单击点为中心的正圆形，效果如图 7-64 所示。接着按〈F〉键，显示出"蒙版羽化（Mask Feather）"参数，再将"蒙版羽化（Mask Feather）"数值设置为 200 像素，如图 7-65 所示。最后将"发射粒子"图层的轨道遮罩设置为"Alpha 反转遮罩"[遮罩]""，如图 7-66 所示，效果如图 7-67 所示。

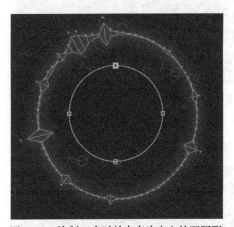

图 7-64 绘制一个以单击点为中心的正圆形

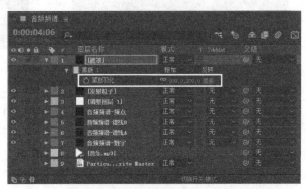

图 7-65 将"蒙版羽化"数值设置为 200 像素

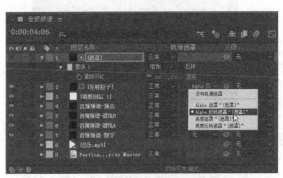

图 7-66 将"发射粒子"图层的轨道遮罩
设置为"Alpha 反转遮罩"[遮罩]""

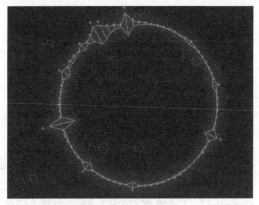

图 7-67 遮罩效果

3. 制作可视化音频的背景效果

1) 选择"合成|新建合成"命令,新建一个名称为"背景"的合成,然后将"项目 (Project)"窗口中的"背景.jpg"和"音频频谱"合成拖入"背景"合成中,如图 7-68 所示,效果如图 7-69 所示。

图 7-68　将"背景.jpg"和"音频频谱"
合成拖入"背景"合成中

图 7-69　"背景"合成画面效果

2) 选择"音频频谱"图层,选择"效果 (Effect) |风格化 (Stylize) |发光 (Glow)"命令,给它添加一个"发光 (Glow)"特效,然后在"效果控件 (Effect Controls)"面板中将"发光 (Glow)"特效的"发光阈值 (Glow threshold)"设置为 50%,"发光半径 (Glow Radius)"设置为 80,如图 7-70 所示,效果如图 7-71 所示。

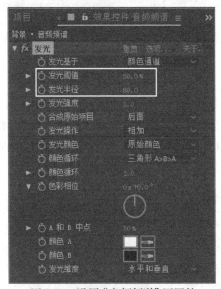

图 7-70　设置"音频频谱"图层的
"发光"特效参数

图 7-71　添加"发光"特效后的效果

3) 制作音频频谱的倒影效果。方法为:将"音频频谱"图层的比例适当缩小,如图 7-72 所示。然后按〈Ctrl+D〉键,复制出一个副本层,再将下方的"音频频谱"图层重命名为"音频频谱 - 倒影"。接着在"时间线"窗口中单击 切换开关/模式 按钮,切换为开关状态,再单击 ⬡ (三维图层) 按钮,将"音频频谱 - 倒影"图层转换为三维图层。最后将"X 轴旋转"设置为 90°,如图 7-73 所示,效果如图 7-74 所示。再将其向下移动并适当放大,形成音频频谱的倒影效果,效果如图 7-75 所示。

图 7-72　将"音频频谱"图层适当缩小的效果

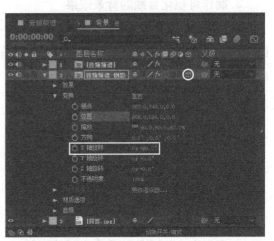

图 7-73　将"X 轴旋转"设置为 90°

图 7-74　将"音频频谱 - 倒影"图层"X
轴旋转"设置为 90°的效果

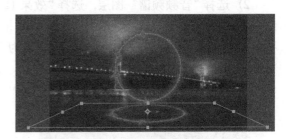

图 7-75　音频频谱的倒影效果

4) 给倒影添加模糊效果。方法为：选择"音频频谱 - 倒影"图层，然后选择"效果 (Effect)
| 模糊和锐化 (Blur&Sharpen) | 高斯模糊 (Gaussian Blur)"命令，给它添加一个"高斯模糊
(Gaussian Blur)"特效。接着在"效果控件 (Effect Controls)"面板下"高斯模糊 (Gaussian
Blur)"特效中将"模糊度 (Blurriness)"设置为 60，如图 7-76 所示，效果如图 7-77 所示。

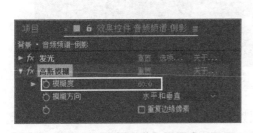

图 7-76　将"模糊度"设置为 60

图 7-77　将"模糊度"设置为 60 的效果

5) 为了增强倒影的模糊效果，下面选择"音频频谱 - 倒影"图层，按〈Ctrl+D〉键，复制
出一个"音频频谱 - 倒影 2"图层，然后在"效果控件 (Effect Controls)"面板下"高斯模糊
(Gaussian Blur)"特效中将"模糊度 (Blurriness)"设置为 140，如图 7-78 所示。

6) 增加倒影的亮度。方法为：选择"音频频谱 - 倒影 2"图层，单击 切换开关/模式 按钮，切换模式，然后将该图层的混合模式设置为"相加 (Add)"，如图 7-79 所示，效果如图 7-80 所示。

图 7-78　将"模糊度"设置为 140

图 7-79　将"音频频谱 - 倒影 2"图层的图层
混合模式设置为"相加"

图 7-80　增强倒影的模糊效果

7) 同理，增加"音频频谱"的亮度。方法为：选择"音频频谱"图层，按〈Ctrl+D〉键，复制出一个"音频频谱"图层，选择再将该图层的混合模式设置为"相加 (Add)"，如图 7-81 所示，效果如图 7-82 所示。

图 7-81　将"音频频谱"图层的图层混合模式
设置为"相加"

图 7-82　将"音频频谱"图层的图层混合
模式设置为"相加"的效果

8) 至此，整个动画制作完毕。选择"文件（File）|保存（Save）"命令，将文件进行保存。然后选择"文件（File）|整理工程（文件）（Dependencies）|收集文件（Collect Files）"命令，将文件进行打包。

7.3 黑洞传送门效果

要点：

本例将制作一个从小到大逐渐显现，然后持续一段时间后，再从大变小逐渐消失的黑洞传送门效果，如图7-83所示。通过本例的学习，读者应掌握绘制蒙版、预合成、图层混合模式以及"旋转扭曲（Twirl）""CC Star Burst"特效和外部插件"Saber"特效的应用。

图 7-83　黑洞传送门效果

操作步骤：

1. 制作黑洞的旋转扭曲效果

1）启动 After Effects CC 2018，选择"合成 (Composition) | 新建合成 (New Composition)"命令，在弹出的对话框中设置如图 7-84 所示，单击"确定"按钮。

2）选择"图层（Layer）| 新建（New）| 纯色（Solid）"（快捷键〈Ctrl+Y〉）命令，然后在弹出的对话框中单击 制作合成大小 按钮，如图 7-85 所示，单击"确定"按钮，从而创建一个与合成图像等大的纯色层。

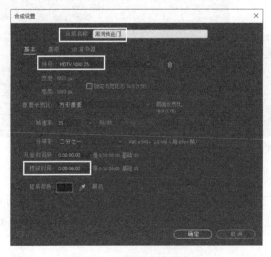

图 7-84　设置合成图像参数

图 7-85　新建 saber 纯色层

3）选择"saber"图层，然后选择"效果（Effect）|Video Copilot|Saber"命令，给它添加一个"Saber"特效，效果如图 7-86 所示。

4）制作发光的圆环效果。方法为：选择工具箱中的 （椭圆工具），然后在合成窗口中央按住鼠标左键拖动的同时，按住〈Ctrl+Shift〉键，从而绘制一个以点击点为中心的正圆形，如图 7-87 所示。接着在"效果控件（Effect Controls）"面板中将"Core Type（核心类型）"设置为"Layer Masks（图层遮罩）"，如图 7-88 所示，效果如图 7-89 所示。

图 7-86　添加"Saber"特效的效果

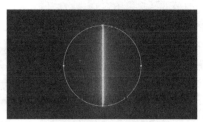

图 7-87　绘制正圆形

图 7-88　将"Core Type（核心类型）"
设置为"Layer Masks（图层遮罩）"

图 7-89　发光的圆环效果

5）改变圆环的发光效果。方法为：在"效果控件（Effect Controls）"面板中将"Preset（预置）"设置为"Meteor"，然后将"Start Size（起始大小）"设置为 0%，如图 7-90 所示，使圆环产生一种渐变过渡效果，如图 7-91 所示。

图 7-90　设置"Saber"参数

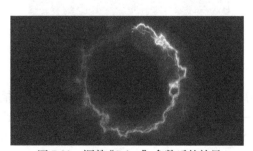

图 7-91　调整"Saber"参数后的效果

6）制作圆环旋转扭曲的效果。方法为：选择"图层（Layer）|新建（New）|调整图层（Adjustment Layer）"命令，新建"调整图层 1"，如图 7-92 所示。然后选择"效果（Effect）|扭曲（Distort）|旋转扭曲（Twirl）"命令，给它添加一个"旋转扭曲（Twirl）"特效。接着在"效果控件（Effect Controls）"面板中将"角度（Angle）"设置为 4x+0.0，"旋转扭曲半径（Radius）"设置为 100.0，如图 7-93 所示，效果如图 7-94 所示。

图 7-92　新建"调整图层 1"

图 7-93　设置"旋转扭曲（Twirl）"特效参数　　图 7-94　调整"旋转扭曲（Twirl）"特效参数后的效果

7）为了增强黑洞传送门的旋转扭曲效果，下面选择"saber"图层，按快捷键〈Ctrl+D〉，复制一个"saber"图层，并将该图层的混合模式设置为"屏幕（Screen）"，如图 7-95 所示。然后在合成窗口中双击图 7-96 所示的圆环，此时会出现调整框，如图 7-97 所示。接着按住〈Ctrl+Shift〉键，将其适当缩小，如图 7-98 所示。

图 7-95　将图层混合模式设置为"屏幕（Screen）"

图 7-96　双击圆环

图 7-97　出现调整框

图 7-98　调整圆环

8）在"预览（Preview）"面板中单击 ▶（播放）按钮，进行预览，会发现两个圆环的方向是一致的，缺少变化。下面选择上方的"Saber"图层，在"效果控件（Effect Controls）"面板中将"Mask Evolution（遮罩演变）"的数值设置为 0x+180.0，如图 7-99 所示，此时两个圆环的方向就发生了变化，如图 7-100 所示。

图 7-99 将"Mask Evolution (遮罩演变)"
的数值设置为 0x+180.0

图 7-100 将"Mask Evolution (遮罩演变)"的数
值设置为 0x+180.0 的效果

9) 调整两个旋转圆环的颜色。方法为:选择下方的"Saber"图层,然后在"效果控件 (Effect Controls)"面板中将"Glow Color (发光色)"设置为一种蓝色 (RGB (0, 130, 255)),接着选择上方的"Saber"图层,在"效果控件 (Effect Controls)"面板中将"Glow Color (发光色)"设置为一种蓝青色 (RGB (0, 190, 255)),效果如图 7-101 所示。

图 7-101 调整两个旋转圆环的颜色

2. 制作黑洞传送门中央逐渐飞向远处的蓝色粒子效果

1) 选择"图层 (Layer) | 新建 (New) | 纯色 (Solid)"(快捷键〈Ctrl+Y〉) 命令,然后在弹出的对话框中单击 制作合成大小 按钮,如图 7-102 所示,单击"确定"按钮,从而创建一个与合成图像等大的纯色层,如图 7-103 所示。

图 7-102 单击 制作合成大小 按钮

图 7-103 创建一个纯色层

2）选择"效果（效果）| 模拟（Simulation）|CC Star Burst"命令，给"品蓝色 纯色 1"图层添加一个"CC Star Burst"特效，效果如图 7-104 所示。

图 7-104　添加"CC Star Burst"特效的效果

3）此时拖动时间滑块可以看到蓝色粒子是从中央往四周散开的，而我们需要蓝色粒子从四周往中央运动。下面在"效果控件（Effect Controls）"面板中将"Speed（速度）"的数值设置为 -1.00，如图 7-105 所示，然后拖动时间滑块就可以看到蓝色粒子从四周往中央运动的效果了。

4）此时蓝色粒子的数量过多，下面在"效果控件（Effect Controls）"面板中将"Scatter（分散）"的数值设置为 200.0，如图 7-106 所示，此时画面中的蓝色亮点数量就减少了，如图 7-107 所示。

图 7-105　将"Speed（速度）"
的数值设置为 -1.00

图 7-106　将"Scatter（分散）"
的数值设置为 200.0

图 7-107　将"Scatter（分散）"的数
值设置为 200.0 的效果

5）将"品蓝色 纯色 1"图层拖到"调整图层 1"的下方，如图 7-108 所示，从而使"旋转扭曲(Twirl)"特效对蓝色粒子也起作用。然后将显示的分辨率设置为"完整"，效果如图 7-109 所示。

图 7-108　将"品蓝色 纯色 1"图层拖到"调
整图层 1"的下方

图 7-109　将"品蓝色 纯色 1"图层拖到"调整
图层 1"的下方的效果

6）此时蓝色粒子的外围会出现多余的扭曲效果，下面就来去除这些多余的扭曲效果。方法为：选择"图层（Layer）|预合成（Pre-compose）"（快捷键是〈Ctrl+Shift+C〉）命令，然后在弹出的"预合成（Pre-compose）"对话框中设置参数，如图 7-110 所示，单击"确定"按钮，此时图层分布如图 7-111 所示。

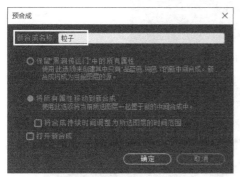

图 7-110　设置"预合成（Pre-compose）"参数

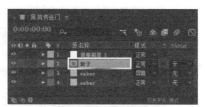

图 7-111　图层分布

7）选择工具箱中的 （椭圆工具），然后在合成窗口中央按住鼠标左键拖动的同时，按住〈Ctrl+Shift〉键，从而绘制一个以点击点为中心的正圆形，此时蓝色粒子外围多余的扭曲效果就被去除了，如图 7-112 所示。

图 7-112　绘制一个正圆形

3. 制作黑洞传送门开始从小变大，到最后再从大变小的效果

1）制作在第 0 帧到第 10 帧之间黑洞传送门开始从小变大的效果。方法为：选择两个 saber 图层，按快捷键〈M〉，显示出"蒙版路径"属性。然后将时间定位在第 10 帧的位置，分别记录两个图层"蒙版路径"的关键帧，如图 7-113 所示。接着将时间定位在第 0 帧的位置，分别将两个图层的圆环调整到最小，如图 7-114 所示，此时软件会在第 0 帧自动添加两个关键帧，如图 7-115 所示。最后在"预览（Preview）"面板中单击 ▶（播放）按钮，预览动画，效果如图 7-116 所示。

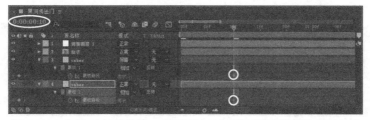

图 7-113　在第 10 帧的位置，分别记录两个图层"蒙版路径"的关键帧

图 7-114　在第 0 帧分别将两个图层的圆环调整到最小

图 7-115　图层分布

 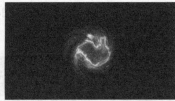 

图 7-116　黑洞传送门开始从小变大的效果

2）制作在第 0 帧到第 10 帧之间黑洞中央的蓝色粒子从小变大的效果。方法为：选择"粒子"图层，按快捷键〈S〉，显示出"缩放（Scale）"属性，然后将时间定位在第 10 帧的位置，记录一个"缩放（Scale）"关键帧，如图 7-117 所示。接着将时间定位在第 0 帧的位置，将"缩放（Scale）"的数值设置为 0.0%，如图 7-118 所示。最后在"预览（Preview）"面板中单击▶（播放）按钮，预览动画，就可以看到在第 0 帧到第 10 帧之间蓝色粒子从小变大的效果了，如图 7-119 所示。

图 7-117　在第 10 帧记录"粒子"图层的　　　　图 7-118　在第 0 帧将"缩放（Scale）"的数值设置为 0.0%
　　　　　　"缩放"关键帧

图 7-119　蓝色粒子从小变大的效果

3）制作在第 4 秒 15 帧到第 5 秒之间黑洞传送门和蓝色粒子由大变小的效果。方法为：将时间定位在第 4 秒 15 帧的位置，然后分别记录"粒子"图层的"缩放（Scale）"关键帧以及两个 saber 图层的"蒙版路径"的关键帧，如图 7-120 所示。接着将时间定位在第 5 秒的位置，选择第 0 帧"粒子"图层的"缩放（Scale）"关键帧，按快捷键〈Ctrl+C〉，进行复制，再按快捷键〈Ctrl+V〉，进行粘贴，从而将第 0 帧的"缩放（Scale）"关键帧粘贴到第 10 帧。

图 7-120　在第 4 秒 15 帧分别记录"粒子"图层的"缩放（Scale）"关键帧以及
两个 saber 图层的"蒙版路径"的关键帧

4）同理，将两个 saber 图层第 0 帧的"蒙版路径"的关键帧粘贴到第 5 秒，此时图层分布如图 7-121 所示。然后在"预览（Preview）"面板中单击▶（播放）按钮，预览动画，就可以看到在第 4 秒 15 帧到第 5 秒之间黑洞传送门和蓝色粒子由大变小的效果了，如图 7-122 所示。

提示：也可以通过复制粘贴的方法将第 10 帧的相关关键帧粘贴到第 4 秒 15 帧。

图 7-121　图层分布

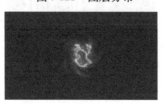

图 7-122　第 4 秒 15 帧到第 5 秒之间黑洞传送门和蓝色粒子由大变小的效果

5）至此，整个动画制作完毕。下面选择"文件（File）| 保存（Save）"命令，将文件进行保存。然后选择"文件（File）| 整理工程（文件）（Dependencies）| 收集文件（Collect Files）"命令，将文件进行打包。

7.4　课后练习

1. 制作光影缥缈的文字效果，如图 7-123 所示。参数可参考网盘中的"源文件 \ 第 3 部分特效实例 \ 第 7 章 动感光效 \ 课后练习 \ 练习 1 \ 练习 1.aep"文件。

图 7-123　练习 1 效果

2. 制作流动的光线效果，如图 7-124 所示。参数可参考网盘中的"源文件\第 3 部分 特效实例\第 7 章 动感光效\课后练习\练习 2\练习 2.aep"文件。

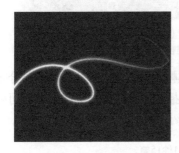

图 7-124　练习 2 效果

3. 制作光芒变化的文字效果，如图 7-125 所示。参数可参考网盘中的"源文件\第 3 部分 特效实例\第 7 章 动感光效\课后练习\练习 3\练习 3.aep"文件。

图 7-125　练习 3 效果

第4部分　高　级　技　巧

第8章　三维效果

本章重点：

　　在影视广告中三维效果也是十分常见的特效。本章将通过两个实例来具体讲解利用 After Effects CC 2018 制作的三维效果在实际制作中的具体应用。通过对本章的学习，读者应掌握常用三维效果的制作方法。

8.1　三维光环

要点：

　　本例将制作彩色光环环绕文字旋转的效果，如图8-1所示。通过对本例的学习，读者应掌握三维图层、"发光（Glow）"特效和"旋转（Rotation）"关键帧的设置方法。

图 8-1　三维光环效果

操作步骤：

　　1）启动 After Effects CC 2018，然后选择"文件 (File) | 导入 (Import) | 文件 (File)"命令，导入网盘中的"源文件 \ 第 4 部分 高级技巧 \ 第 8 章 三维效果 \8.1 三维光环 \（素材）\5.tga""白圈 .psd""背景 .jpg"文件，如图8-2 所示。

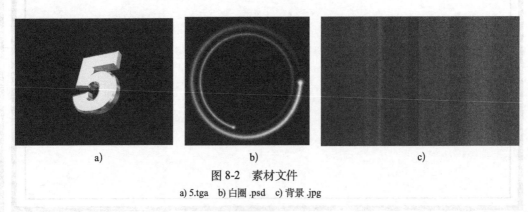

图 8-2　素材文件
a) 5.tga　b) 白圈 .psd　c) 背景 .jpg

　　2）创建一个和"背景 .jpg"等大的合成图像。方法为：选择"项目 (Project)"窗口中的

"背景 .jpg" 素材图片，将它拖到 （新建合成）按钮上，生成一个尺寸与素材相同的合成图像。然后将其命名为"三维光环"。

3）此时背景色彩过于暗淡，下面就来解决这个问题。方法为：在"时间线"窗口中的空白处右击，从弹出的快捷菜单中选择"新建 (New) | 纯色 (Solid)"命令，然后在弹出的对话框中设置参数，如图 8-3 所示，单击"确定"按钮，新建一个固态层。接着将固态层的图层混合模式设置为"Overlay (叠加)"，如图 8-4 所示，效果如图 8-5 所示。

图 8-3　设置纯色层参数

图 8-4　将固态层的图层混合模式设置为"叠加 (Overlay)"

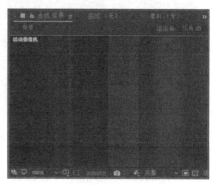

图 8-5　调整图层混合模式为"叠加 (Overlay)"的效果

4）将"5.tga"拖入"时间线"窗口，然后将其缩小为原来的"70%"，如图 8-6 所示，效果如图 8-7 所示。

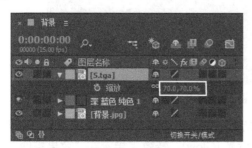

图 8-6　将 "5.tga" 缩小为 "70%"

图 8-7　缩小后的效果

5）将"光圈 .psd"拖入"时间线"窗口，然后将其缩小为原来的"60%"，如图 8-8 所示，效果如图 8-9 所示。

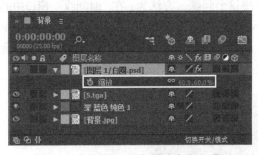

图 8-8 将"光圈 .psd"缩小为"60%"

图 8-9 缩小后的效果

6）单击 ⬛（三维图层）按钮，将"白圈 .psd"图层转换为三维图层。然后按〈R〉键，显示出"图层 1/ 白圈 .psd"的"旋转 (Rotation)"属性。接着设置"方向（Orientation)"参数，如图 8-10 所示，效果如图 8-11 所示。

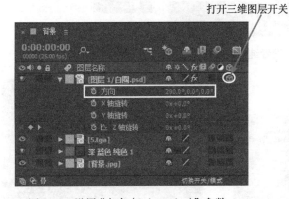

图 8-10 设置"方向 (Orientation)"参数

图 8-11 调整"方向 (Orientation)"参数后的效果

7）分别在第 0 秒和第 4 秒设置"Z 轴 旋转 (Z Rotation)"的旋转关键帧参数，如图 8-12 所示，从而使光圈在 0 ～ 4 秒逆时针旋转 4 周。

图 8-12 分别在第 0 秒和第 4 秒设置"Z 轴 旋转 (Z Rotation)"的旋转关键帧参数

8）制作光环发光效果。方法为：选择"光圈"图层，然后选择"效果 (Effect)| 风格化 (Stylize) | 发光 (Glow)"命令，给它添加一个"发光 (Glow)"特效。接着在"效果控件 (Effect Controls)"面板中设置参数，如图 8-13 所示，效果如图 8-14 所示。

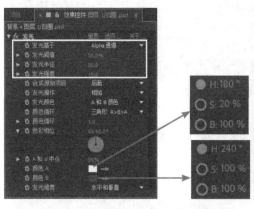
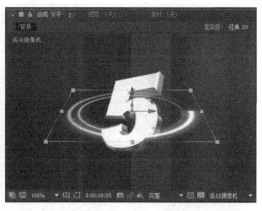

图 8-13　设置"发光 (Glow)"参数　　　　　图 8-14　调整"发光 (Glow)"参数后的效果

9) 为了使光环与背景更好地融合，将"光圈 1/ 白圈 .psd"图层的混合模式设置为"屏幕 (Screen)"，如图 8-15 所示，效果如图 8-16 所示。

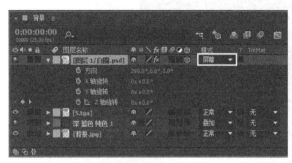

图 8-15　将"光圈 1/ 白圈 .psd"图层的混合模式设置　　　　图 8-16　"屏幕 (Screen)"效果
为"屏幕 (Screen)"

10) 制作另外两个光环。方法为：选择"白圈"图层，按〈Ctrl+D〉组合键两次，从而复制两个"白圈"图层。然后分别改变它们的发光颜色和旋转角度，如图 8-17 所示。

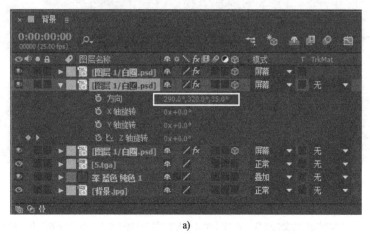

a)

图 8-17　改变复制后图层的发光颜色和旋转角度

a) 改变第 1 个复制图层的旋转角度

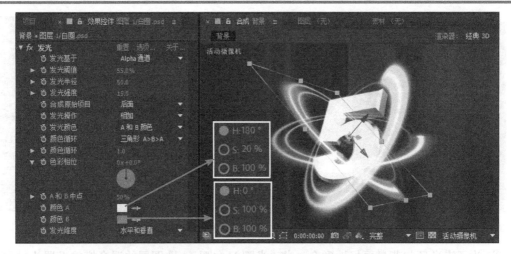

b)

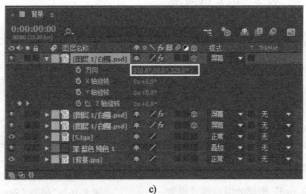

c)

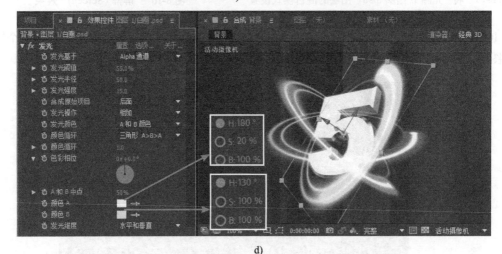

d)

图 8-17　改变复制后图层的发光颜色和旋转角度（续）

b) 改变第 1 个复制图层的发光颜色　　c) 改变第 2 个复制图层的旋转角度　　d) 改变第 2 个复制图层的发光颜色

11) 此时光环显现在文字的上方，而不是穿越文字。解决这个问题的方法很简单，只要将"5.tga"图层转换为三维图层即可，如图 8-18 所示，效果如图 8-19 所示。

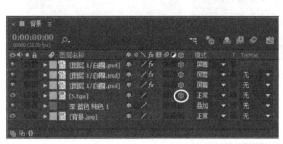

图 8-18　将"5.tga"图层转换为三维图层

图 8-19　光环穿越文字效果

12) 按键盘上的空格键预览动画，最终效果如图 8-20 所示。

图 8-20　最终效果

13) 选择"文件 (File) | 保存 (Save)"命令，将文件进行保存。然后选择"文件 (File) | 整理工程 (文件) (Dependencies) | 收集文件 (Collect Files)"命令，将文件进行打包。

提示：为了使图层的立体感更强一些，需要将前面做过的"ray"图层及"text"图层各复制两个，并将所有图层的空间关系由二维变成三维，改变它们在 Z 轴方向上的坐标值，从而在纵深方向上有不同的位置。

8.2　三维图层的使用和灯光投影

要点：

本例将制作图标旋转的同时灯光也随之旋转的效果，并学习灯光投影的使用，如图8-21所示。通过对本例的学习，读者应掌握三维图层、"照明"图层、"摄像机"图层、父子链接和旋转关键帧的应用。

图 8-21　三维图层的使用和灯光投影

操作步骤：

1) 启动 After Effects CC 2018，选择"合成(Composition)|新建合成(New Composition)"命令，在弹出的"合成设置（Composition Settings）"对话框中设置参数，如图 8-22 所示，单击"确定"按钮，创建一个新的合成图像。

2) 选择"图层 (Layer)|新建 (New)|纯色 (Solid)"命令，在弹出的对话框中设置参数，如图 8-23 所示，单击"确定"按钮，新建一个纯色层。

图 8-22　设置合成图像参数

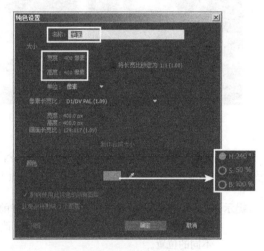

图 8-23　设置"纯色"参数

3) 选择"地面"图层，按〈Ctrl+D〉组合键复制出一个"地面"图层，然后将其命名为"墙面"。

4) 选择"地面"和"墙面"图层，单击 ▧（三维图层）按钮，将它们转换为三维图层。然后选择"地面"图层，按〈R〉键，显示出"旋转"参数，再将"X 轴旋转"设置为 90°，如图 8-24 所示，效果如图 8-25 所示。接着按〈Shift+P〉键，在显示"旋转"参数的同时，显示出"位置"参数，最后将"位置"的数值设置为（320,440,-200），如图 8-26 所示，效果如图 8-27 所示。

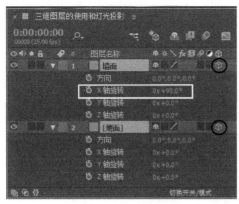

图 8-24　设置"旋转"参数

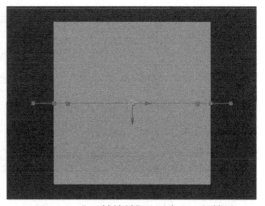

图 8-25　"X 轴旋转"设置为 90°的效果

图 8-26　将"位置"的数值设置为 (320,440, −200)

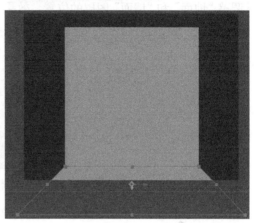

图 8-27　调整"地面"位置后的效果

5) 添加摄像机图层。方法为:在"时间线"窗口中右击,在弹出的快捷菜单中选择"新建(New)| 摄像机 (Camera)"命令,如图 8-28 所示。然后在弹出的对话框中设置参数,如图 8-29 所示,单击"确定"按钮,此时"时间线"窗口如图 8-30 所示。

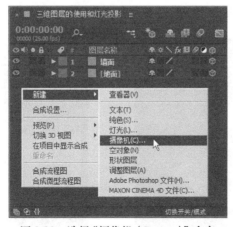

图 8-28　选择"摄像机 (Camera)"命令

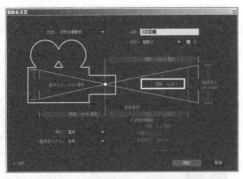

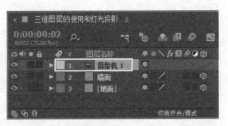

图 8-29　设置"摄像机"参数　　　　　　　　　图 8-30　时间线分布

6）按〈C〉键切换到 ![] 工具，然后在"合成图像"窗口中调节摄像机的角度，并用 ![] 工具调整"地面"和"墙面"图层的位置，效果如图 8-31 所示。

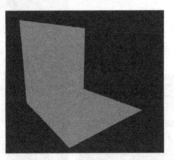

图 8-31　调整位置后的效果

7）导入"图标"图片。方法为：选择"文件（File）|导入（Import）|文件（File）"命令，导入网盘中的"源文件\第 4 部分 高级技巧\第 8 章 三维效果\8.2 三维图层的使用和灯光投影\（素材）\图标 .tga"图片。然后将其拖入时间线，并缩放到适当大小。接着将其转换为三维图层，效果如图 8-32 所示。

8）添加"照明"图层，并制作阴影效果。方法为：在"时间线"窗口中右击，在弹出的快捷菜单中选择"新建（New）|灯光（Light）"命令，如图 8-33 所示。然后在弹出的对话框中设置参数，如图 8-34 所示，单击"确定"按钮，效果如图 8-35 所示。

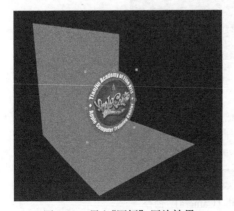

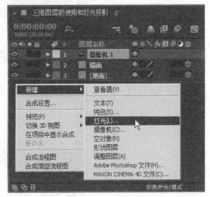

图 8-32　导入"图标"图片效果　　　　　　　图 8-33　选择"灯光（Light）"命令

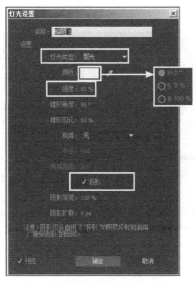

图 8-34 设置"灯光设置"参数

图 8-35 添加"照明"后的效果

9) 此时图标没有阴影,下面就来解决这个问题。方法为:将"投影(Casts Shadows)"属性打开,如图 8-36 所示,效果如图 8-37 所示。

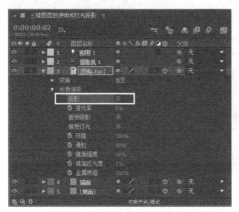

图 8-36 打开"投影(Casts Shadows)"属性

图 8-37 打开"投影"效果

10) 为了让图案的颜色融合在阴影里,将"透光率(Light Transmission)"的数值设置为"100%",如图 8-38 所示,效果如图 8-39 所示。

11) 此时环境过暗,下面给场景添加一盏灯作为环境光,以便照亮整个场景。方法为:在"时间线"窗口中右击,在弹出的快捷菜单中选择"新建(New)|灯光(Light)"命令。然后在弹出的对话框中设置参数,如图 8-40 所示,单击"确定"按钮,效果如图 8-41 所示。

12) 制作灯光随图标的旋转而旋转的效果。方法为:单击"照明 1"图层的"@",将其拖到"图标"图层上,如图 8-42 所示,从而建立"照明 1"图层与"图标"图层的父子链接。然后选择"图标"图层,按〈R〉键打开旋转参数。接着分别在第 0 帧和第 15 帧记录"X 轴旋转"的关键帧参数,如图 8-43 所示,效果如图 8-44 所示。

图 8-38 将"透光率(Light Transmission)"的数
值设置为"100%"

图 8-39 调整"透光率"后的效果

图 8-40 设置"灯光设置"参数

图 8-41 添加环境光后的效果

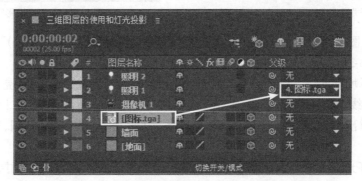

图 8-42 建立"照明1"图层与"图标"图层的父子链接

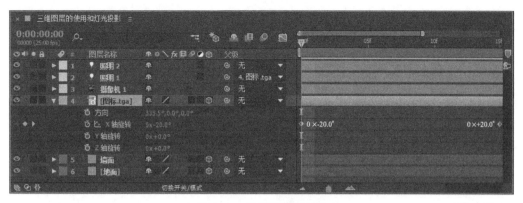

图 8-43 设置关键帧参数

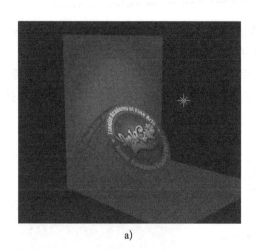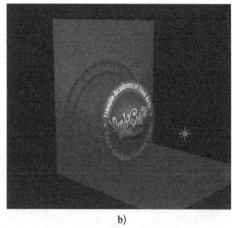

a)   b)

图 8-44 不同帧的画面效果

a) 第 0 帧　b) 第 15 帧

13) 按键盘上的空格键预览动画。

14) 选择"文件 (File) | 保存 (Save)"命令,将文件进行保存。然后选择"文件 (File) | 整理工程 (文件) (Dependencies) |收集文件 (Collect Files)"命令,将文件进行打包。

8.3 电视画面汇聚效果

要点:

本例将制作栏目片头中常见的电视画面汇聚效果,如图8-45所示。通过对本例的学习,读者应掌握"分形杂色 (Fractal Noise)""曲线 (Curve)""色阶 (Levels)"和"卡片动画 (Card Dance)"特效的综合应用。

图 8-45　电视画面汇聚效果

操作步骤：

1. 制作"渐变"合成图像

1）启动 After Effects CC 2015，选择"合成 (Composition) | 新建合成 (New Composition)"命令，在弹出的对话框中设置参数，如图 8-46 所示，单击"确定"按钮。

2）选择"图层 (Layer) | 新建 (New) | 纯色 (Solid)"命令（快捷键为〈Ctrl+Y〉），在弹出的对话框中单击 制作合成大小 (Make Comp size) 按钮，如图 8-47 所示。然后单击"确定"按钮，创建一个与合成图像等大的纯色。

图 8-46　设置合成图像参数

图 8-47　设置"纯色设置"参数

3）制作噪波效果。方法为：在"时间线"窗口中选择"fractal"图层，选择"效果 (Effect) | 杂色和颗粒 (Noise&Grain) | 分形杂色 (Fractal Noise)"命令，然后在"效果控件 (Effect Controls)"面板中设置参数，如图 8-48 所示，效果如图 8-49 所示。

4）增强明暗对比度。方法为：在"时间线"窗口中选择"fractal"图层，选择"效果 (Effect) | 颜色校正 (Color Correction) | 曲线 (Curves)"命令，然后在"效果控件 (Effect Controls)"面板中设置参数，如图 8-50 所示，效果如图 8-51 所示。

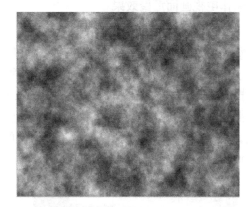

图 8-48 设置"分形杂色 (Fractal Noise)"参数　　图 8-49 调整"分形杂色 (Fractal Noisc)"参数后的效果

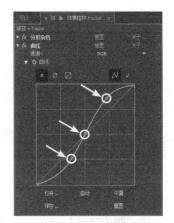
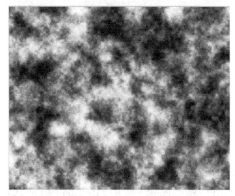

图 8-50 设置"曲线 (Curves)"参数　　　　图 8-51 调整"曲线 (Curves)"参数后的效果

5) 降低整体亮度。方法为：在"时间线"窗口中选择"fractal"图层，然后选择"效果 (Effect) | 颜色校正 (Color Correction) | 色阶 (Levels)"命令，在"效果控件 (Effect Controls)"面板中设置参数，如图 8-52 所示，效果如图 8-53 所示。

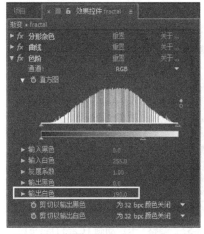
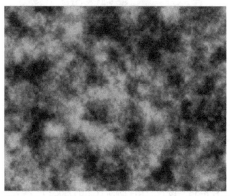

图 8-52 设置"色阶 (Levels)"参数　　　　图 8-53 调整"色阶 (Levels)"参数后的效果

2. 制作电视画面汇聚效果

1）选择"合成（Composition）| 新建合成（New Composition）"命令，在弹出的对话框中设置参数，如图 8-54 所示，单击"确定"按钮。

2）选择"文件（File）| 导入（Import）| 文件（File）"命令，导入网盘中的"源文件\第 4 部分 高级技巧\第 8 章 三维效果\8.3 电视画面汇聚效果\（素材）\背景.jpg""电视画面汇聚 1.psd""电视画面汇聚 2.psd"文件到当前"项目（Project）"窗口中。然后将"渐变.comp""电视画面汇聚 1.psd"和"电视画面汇聚 2.psd"拖入到"时间线"窗口中，接着隐藏"图层 1/ 电视画面汇聚 2.psd"和"渐变"图层，此时"时间线"窗口如图 8-55 所示。

图 8-54 设置合成图像参数

图 8-55 时间线分布

3）将图片原地旋转一定的角度。方法为：在"时间线"窗口中选择"图层 0/ 电视画面汇聚 1.psd"，然后选择"效果（Effect）| 模拟（Simulation）| 卡片动画（Card Dance）"命令，在"效果控件（Effect Controls）"面板中设置参数，如图 8-56 所示，效果如图 8-57 所示。

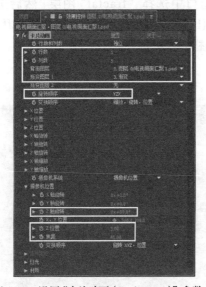

图 8-56 设置"卡片动画（Card Dance）"参数

图 8-57 调整"卡片动画（Card Dance）"参数后的效果

4）设置图片相互交错飞入画面的动画效果。方法为：在"时间线"窗口中展开"卡片动画（Card Dance）"选项组中的"Z 位置（X Position）"属性，将"源（Source）"设置为"强度 1（Intensity 1）"，然后分别在第 0 秒和第 5 秒 12 帧处插入关键帧，并设置参数，如图 8-58 所示。

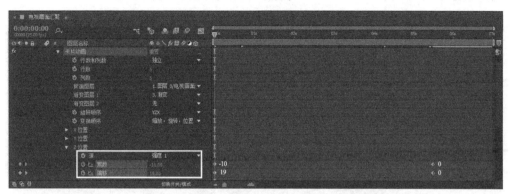

图 8-58　设置"Z Position（Z 轴位置）"关键帧参数

5）设置图片尺寸变化的动画。方法为：展开"X 轴缩放（X Scale）"和"Y 轴缩放（Y Scale）"属性，分别在第 0 秒和第 5 秒 12 帧处插入关键帧，并设置参数，如图 8-59 所示。

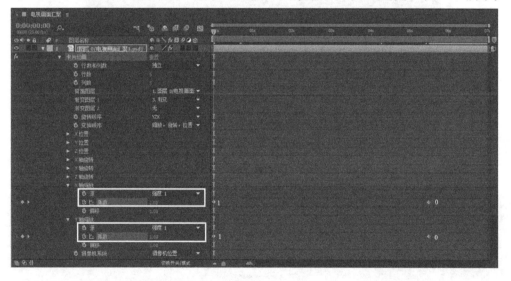

图 8-59　设置"X 轴缩放（X Scale）"和"Y 轴缩放（Y Scale）"关键帧参数

6）设置图片从倾斜到水平的动画效果。方法为：展开"摄像机位置（Camera Position）"属性，分别在第 0 秒和第 5 秒 12 帧处插入关键帧，并设置参数，如图 8-60 所示。

7）将"图层 0/ 电视画面汇聚 1.psd"图层上的"卡片动画（Card Dance）"特效复制到"图层 1/ 电视画面汇聚 2.psd"图层上。方法为：重新显示"图层 1/ 电视画面汇聚 2.psd"图层，然后将时间线定位到第 0 帧，选择"图层 0/ 电视画面汇聚 1.psd"图层，按〈E〉键只显示"卡片动画（Card Dance）"特效，如图 8-61 所示。接着按〈Ctrl+C〉组合键复制特效，最后选择"图层 1/ 电视画面汇聚 2.psd"图层，按〈Ctrl+V〉组合键粘贴。此时，按〈U〉键显示所有的关键帧，可以看到"图层 0/ 电视画面汇聚 1.psd"和"图层 1/ 电视画面汇聚 2.psd"图层上的关键帧的位置与参数是一致的，如图 8-62 所示。

提示：在复制"卡片动画（Card Dance）"特效前一定要确认是在第0帧的位置。

图 8-60　设置"Z 轴旋转 (Z Rotation)"和"Z 位置 (Z Position)"关键帧参数

图 8-61　选择"卡片动画 (Card Dance)"特效

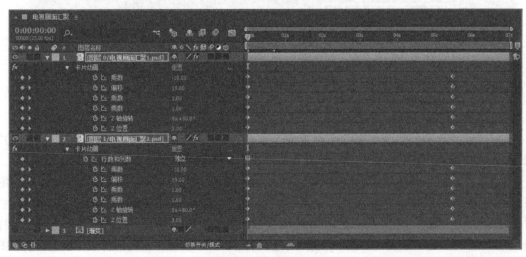

图 8-62　关键帧分布

8) 制作"图层 0/ 电视画面汇聚 1.psd"和"图层 1/ 电视画面汇聚 2.psd"两个素材间的切换效果。方法为：显示出"图层 1/ 电视画面汇聚 2.psd"图层，然后在"时间线"窗口中选中"图层 0/ 电视画面汇聚 1.psd"和"图层 1/ 电视画面汇聚 2.psd"图层，按〈T〉键显示出"不透明度 (Opacity)"属性，接着分别在第 4 秒、第 5 秒和第 5 秒 12 帧插入关键帧，并设置参数，如图 8-63 所示。

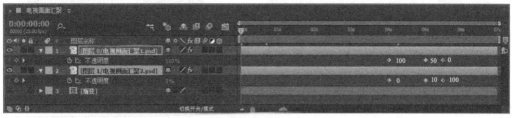

图 8-63　设置"不透明度 (Opacity)"属性

9) 按键盘上的空格键，即可看到两个素材之间的切换效果，如图 8-64 所示。

图 8-64　两个素材之间的切换效果

3. 制作动态背景效果

1) 从"项目 (Project)"窗口中将"背景 .jpg"拖入"时间线"窗口并放置到最底层，如图 8-65 所示，效果如图 8-66 所示。

图 8-65　将"背景 .jpg"拖入"时间线"窗口并放置到最底层

2) 为了使背景更具有视觉冲击力，下面添加动态背景。方法为：选择 "图层 (Layer) | 新建 (New) | 纯色 (Solid)"命令 (快捷键为〈Ctrl+Y〉),在弹出的对话框中单击 制作合成大小 (Make Comp size) 按钮，如图 8-67 所示。然后单击"确定"按钮，创建一个与合成图像等大的纯色，并将其放置到"背景"图层的上方。

图 8-66 添加背景效果

图 8-67 设置"纯色设置"参数

3）为便于观看动态背景，下面单击"图层 0/ 电视画面汇聚 1.psd"和"图层 1/ 电视画面汇聚 2.psd"图层前的 图标，隐藏这两个图层。然后选择工具栏中的 钢笔工具，在新建的纯色上绘制图形，如图 8-68 所示。

提示：此时一定要在新建的纯色上绘制图形。

图 8-68 在新建的纯色上绘制图形

4）降低图形的不透明度。方法为：选择"白色 纯色 1"图层，按〈T〉键显示"不透明度（Opacity）"属性，然后将"不透明度"设置为"10%"。

5）设置绘制图形旋转动画。方法为：选择"白色 纯色 1"图层，按〈R〉键显示"旋转（Rotation）"属性，然后分别在第 7 帧和第 6 秒 24 帧插入关键帧，并设置参数,如图 8-69 所示。

6）为了增加动态效果，选择"白色 纯色 1"图层，按〈Ctrl+D〉组合键复制一个图层，并将其命名为"纯色 2"。然后按〈R〉键显示"旋转（Rotation）"属性，并设置参数，如图 8-70 所示。

7）至此，整个动画制作完毕。下面重新显示"图层 0/ 电视画面汇聚 1.psd"和"图层 1/ 电视画面汇聚 2.psd"图层，然后按小键盘上的〈0〉键，预览动画，效果如图 8-71 所示。

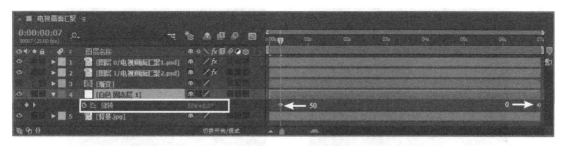

图 8-69 设置"白色 纯色 1"图层的旋转参数

图 8-70 设置"纯色 2"图层的旋转参数

图 8-71 最终效果

8）选择"文件 (File) | 保存 (Save)"命令，将文件进行保存。然后选择"文件 (File) | 整理工程文件 (Dependencies) | 收集文件 (Collect Files)"命令，将文件进行打包。

8.4 课后练习

1. 制作三维场景及灯光效果，如图 8-72 所示。参数可参考网盘中的"源文件\第 4 部分 高级技巧\第 8 章三维效果\课后练习\练习 1\练习 1.aep"文件。

2. 利用网盘中的"源文件\第 4 部分 高级技巧\第 8 章三维效果\课后练习\练习 2\（素材）\Advanced Projection Footage\COW.ai"和"Pond.png"文件（如图 8-73 所示），制作真实的水面倒影效果，如图 8-74 所示。参数可参考网盘中的"源文件\第 4 部分 高级技巧\第 8 章三维效果\课后练习\练习 2\练习 2.aep"文件。

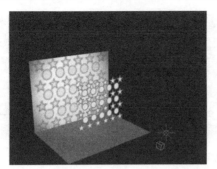
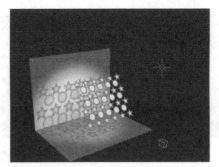

图 8-72　练习 1 效果

图 8-73　练习 2 素材

图 8-74　练习 2 效果

第9章 变形效果

本章重点：

手写字和变形动画也是影视广告中常见的特效。本章将通过 3 个实例来具体讲解在 After Effects CC 2018 中变形效果的使用方法。通过对本章的学习，读者应掌握手写字和常用变形动画的制作。

9.1 变脸动画

要点：

本例将综合运用 After Effects CC 2018 外挂特效，制作一个变形效果，如图9-1所示。通过本例的学习，读者应掌握"Flex Morph（弯曲变形）"外挂特效、关键帧动画和嵌套的综合应用。

图 9-1 变形动画

操作步骤：

1）启动 After Effects CC 2018，选择"合成（Composition）|新建合成（New Composition）"命令，在弹出的对话框中设置参数，如图 9-2 所示，单击"确定"按钮。

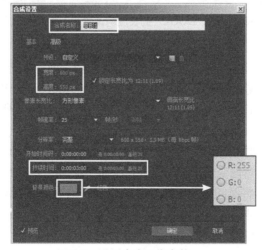

图 9-2 设置合成图像参数

提示：将"背景颜色（Background Color）"设置为红色的目的，主要是使主体与背景的颜色反差大一点，以便在制作时看得更加清晰。

2）选择"文件 (File) |导入 (Import) |文件 (File)"命令，导入网盘中的"源文件\第 4 部分 高级技巧\第 9 章 变形效果\9.1 变脸动画 \（素材）\DOG.psd"文件。然后选择"DOG-1"和"DOG-2"，如图 9-3 所示，单击"确定"按钮。

提示：DOG.psd 是一个 Photoshop 文件，其中含有一个背景图层和两个 DOG 图层，在 After Effects 中可以打开 Photoshop 文件的任何一个图层，并且带有"Alpha"通道，这也是 Adobe 家族软件实现无缝连接的优势所在。

图 9-3　分层导入"DOG-1"和"DOG-2"

3）在"变形 1"合成图像的"时间线"窗口中，将"DOG-1"与"DOG-2"的长度均设置为 1 秒 13 帧，并将其首尾相接，如图 9-4 所示。

图 9-4　将"DOG-1"与"DOG-2"的长度均设置为 1 秒 13 帧，且首尾相接

4）在"项目 (Project)"窗口中，选择"变形 1"项目，将其拖至"项目 (Project)"窗口下方的 ▣（新建合成）按钮上，这样就创建了一个与"变形 1"项目同等大小且时间同长的嵌套合成图像。然后选择"合成 (Composition) |合成设置 (Composition Settings)"命令，在弹出的"合成设置 (Composition Settings)"对话框中设置参数，如图 9-5 所示，单击"确定"按钮，完成设置。

5）在"变形 2"项目中选择嵌套图层"变形 1"，然后选择"效果(Effect)|RE：Version Plug-ins(插件版本) |RE Flex Morph (弯曲变形)"命令，给它添加一个"RE Flex Morph (弯曲变形)"特效，设置参数，如图 9-6 所示。将时间线移至第 0 秒的位置，单击"Picture Key?"左侧的关键帧记录器，使其打开。接着将时间线移至第 1 秒 13 帧的位置，将"Picture Key?"设置为"关闭"。最后将时间移至第 3 秒的位置，将"Picture Key?"设置为"打开"，参数设置如图 9-7 所示。

图 9-5 设置合成图像参数

图 9-6 设置 "RE Flex Morph (弯曲变形)" 参数

图 9-7 设置关键帧参数

6) 将时间线移至第 0 秒的位置, 然后选择工具栏中的 钢笔工具, 沿着狗的轮廓描绘出如图 9-8 所示的蒙版。接着按两次〈M〉键, 打开 "蒙版路径 (Mask Path)" 左侧的关键帧记录器, 将时间线移至第 3 秒的位置, 将绘制的蒙版变为如图 9-9 所示的形状。

图 9-8 在第 0 秒绘制形状

图 9-9 在第 3 秒绘制形状

提示: 1) 在绘制时, 根据轮廓的形状绘制多个蒙版, 既可以是封闭的, 也可以是开放的。例如, 将狗的左耳朵、右耳朵等单独绘制蒙版, 本例中一共绘制了 9 个蒙版。

2）使用"RE Flex Morph"特效主要是利用蒙版（既可以是封闭的，也可以是开放的）的变形进行整体变形，根据变形前图片（From）与变形后图片（To）的物体轮廓分别绘制蒙版。本例中的两条狗的品种不一样，所以其五官的轮廓也不尽相同，我们要分别绘制第一条狗的五官轮廓。然后根据第二条狗的轮廓，分别对应进行变形。如果蒙版是封闭的，在"形状"的蒙版模式中一定要选择"无（None）"。因为只是想要蒙版作为变形的形状而不是选区，所以对于开放的蒙版则无所谓。

7）按键盘上的空格键，预览动画，效果如图 9-10 所示（分别为第 0 秒、第 1 秒、第 2 秒、第 3 秒的效果）。

图 9-10　最终效果

8）选择"文件（File）| 保存（Save）"命令，将文件进行保存。然后选择"文件（File）| 整理工程文件（Dependencies） |收集文件（Collect Files）"命令，将文件进行打包。

9.2　浮出水面的logo

 要点：

本例将利用After Effects CC 2018自身的特效，制作logo从水中浮出的效果，如图9-11所示。通过本例的学习，读者应掌握"分形杂色（Fractal Noise）""波形环境（Wave World）""焦散（Caustics）""置换图（Displacement Map）"特效和图层混合模式的应用。

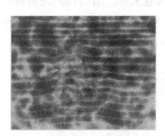 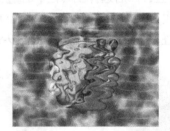 

图 9-11　浮出水面的 logo 效果

 操作步骤：

1. 创建"水"合成图像

1）启动 After Effects CC 2018，选择"合成(Composition)| 新建合成(New Composition)"命令，在弹出的对话框中设置参数，如图 9-12 所示，单击"确定"按钮。

2）创建纯色层。方法为：选择"图层（Layer）| 新建（New）| 纯色（Solid）"命令，创建一个新的纯色层，参数设置如图 9-13 所示，然后单击"确定"按钮。

图 9-12　设置合成图像参数

图 9-13　设置纯色层参数

3) 创建水波效果。方法为：选择"水波"图层，然后选择"效果（Effect）| 杂色和颗粒（Noise&Grain）| 分形杂色（Fractal Noise）"命令，给它添加一个"分形杂色（Fractal Noise）"特效。接着分别在第 0 帧和第 9 秒 29 帧为"演化（Evolution）"属性设置两个关键帧，使水波运动起来，参数设置及效果如图 9-14 所示。

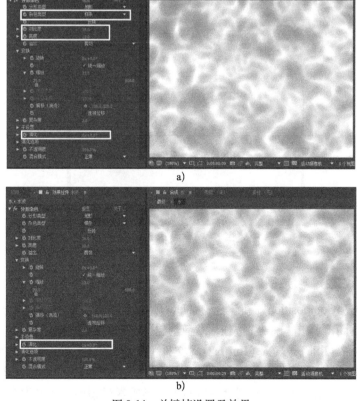

a)

b)

图 9-14　关键帧设置及效果
a) 第 0 帧　b) 第 9 秒 29 帧

4) 将水波颜色调整为蓝色。方法为：选择"图层 (Layer) | 新建 (New) | 纯色 (Solid)"命令，创建新的纯色层，在"名称 (Name)"文本框中输入"颜色"，其他设置如图 9-15 所示。然后将"颜色"图层放置在"水波"图层的上面，设置图层混合模式为"屏幕 (Screen)"，如图 9-16 所示，效果如图 9-17 所示。

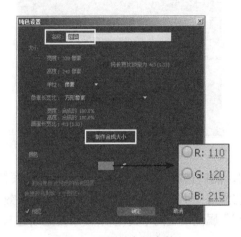

图 9-15　设置纯色层参数

图 9-16　设置图层混合模式为"屏幕 (Screen)"

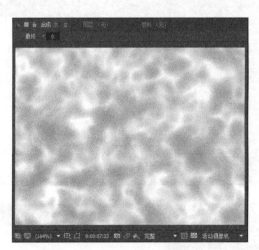

图 9-17　"屏幕 (Screen)"效果

2. 创建"波纹置换"合成图像

1) 选择"合成 (Composition) | 新建合成 (New Composition)"命令，在弹出的对话框中设置参数，如图 9-18 所示，单击"确定"按钮，从而创建一个新的合成图像。

2) 选择"文件 (File) | 导入 (Import) | 文件 (File)"命令，导入网盘中的"源文件\第 4 部分 高级技巧\第 9 章 变形效果\9.2 浮出水面的 logo \（素材）\ logo.tga"图片（带有 Alpha 通道），如图 9-19 所示，将其拖入到合成项目中，形成素材图层，命名为"logo"，并关闭该图层的视频开关。

图 9-18 设置合成图像参数

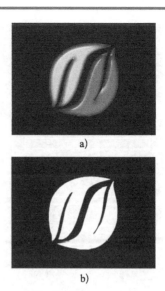

图 9-19 "logo.tga" 图片 (带有 Alpha 通道)

a) 图像 b)Alpha 通道

3) 创建纯色层。方法为:选择"图层 (Layer) | 新建 (New) | 纯色 (Solid)"命令,在弹出的对话框中设置参数,如图 9-20 所示,单击"确定"按钮。然后在"时间线"窗口中,将"涌动"图层放在"logo"图层的上面,如图 9-21 所示。

图 9-20 设置纯色层参数

图 9-21 将"涌动"图层放在"logo"图层的上面

4) 制作水波纹效果。方法为:选中"涌动"图层, 选择"效果 (Effect) | 模拟 (Simulation) | 波形环境(Wave World)"命令,给它添加一个"波形环境(Wave World)"特效,参数设置如图 9-22 所示。

在"地面 (Ground)"选项组中选择"logo"图层作为地形的映射图,此时"波形环境 (Wave World)"效果将利用 logo 图片的"Alpha"通道来映射地形形状,网格预览效果如图 9-23 所示。

将"渲染采光并作为 (Render Dry Areas As)"设置为"实心 (Solid)",可以使地形高度的变化以灰度的形式表现出来。

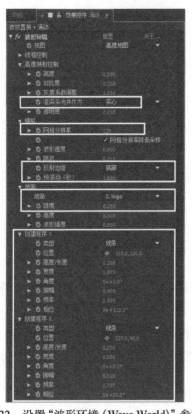

图 9-22　设置"波形环境 (Wave World)"参数

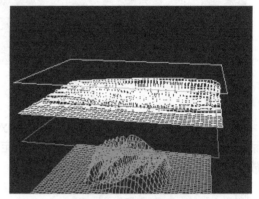

图 9-23　网格预览效果

将"网格分辨率 (Grid Resolution)"设置为"120"，使网格更密一些，这样波纹会对 logo 的形状更敏感一些。

将"反射边缘 (Reflect Edges)"设置为"下"，波纹会沿着 logo 的边缘产生反射。

将"预滚动 (秒) (Pre-roll (seconds))"设置为"1"，可以使波纹在动画刚开始的时候就已经出现，从而避免波纹的突然出现。

为"陡度 (Steepness)"分别在第 0 秒、第 5 秒的位置设置两个关键帧，参数为"0.1"和"0.25"，可以在网格预览中看到地形的顶端在缓缓升起，这样就可以模拟 logo 向上浮动的过程。

将波形"制作 1"和"制作 2"的"类型 (Type)"设置为"线条 (Line)"，因为现实中水波纹一般不是规则的圆形，并对波纹的"高度 / 长度 (Height/Length)""高度 (Width)""振幅 (Amplitude)""频率 (Frequency)"等参数进行设置。灰度效果如图 9-24 所示。

图 9-24　灰度效果

图形波纹逐渐显现出 logo 的形状，并且在 logo 边缘产生了反弹，这与真实的情况完全相同，在此将它作为下面"焦散"效果的映射层。

3. 创建"最终"合成图像

1）选择"合成 (Composition) | 新建合成 (New Composition)"命令，在弹出的对话框中设置参数，如图 9-25 所示，单击"确定"按钮，创建一个新的合成图像。

2）将"波纹置换""水"项目及 logo 图片拖入到该合成项目中，把 logo 图片形成的素材图层命名为"logo"，再创建一个纯色层，命名为"焦散"，并将图层混合模式设置为"强光 (Hard Light)"，如图 9-26 所示。

提示："logo"图层此时是放置在最底层的。

图 9-25　设置合成图像参数

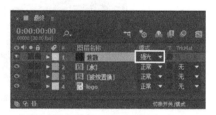

图 9-26　将图层混合模式设置为"强光 (Hard Light)"

3）选中"焦散"图层，选择"效果 (Effect) | 模拟 (Simulation) | 焦散 (Caustics)"命令，给它添加一个"焦散 (Caustics)"特效。然后将"logo"图层作为水下部分的映射，再分别在第 0 秒和第 4 秒为"缩放 (Scale)"属性设置关键帧，如图 9-27 所示。接着分别在第 1 秒和第 3 秒为"表面不透明度 (Water Surface)"属性设置关键帧，如图 9-28 所示，这样水面将由完全不透明到半透明，模拟水下的逐渐显现过程。此时，"时间线"窗口如图 9-29 所示。

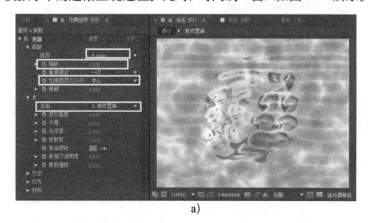

a)

图 9-27　分别在第 0 秒和第 4 秒为"缩放 (Scale)"属性设置关键帧
a) 第 0 秒

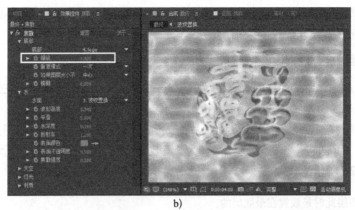

b)

图9-27 分别在第0秒和第4秒为"缩放 (Scale)"属性设置关键帧 (续)

b) 第4秒

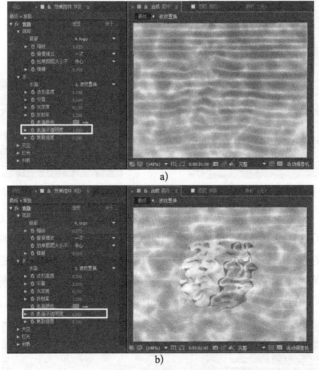

a)

b)

图9-28 分别在第1秒和第3秒为"表面不透明度 (Water Surface)"属性设置关键帧

a) 第1秒 b) 第3秒

图9-29 时间线分布

4）按小键盘上的〈0〉键预览动画，可以看到 logo 形状的波纹慢慢出现。现在还缺少 logo 露出水面前的逐渐变清晰的过程，下面来制作这个效果。方法为：将 logo 图片拖入"时间线"窗口，并放置在最顶层，命名为"logo 的出现"，如图 9-30 所示。然后分别在该图层的第 0 秒、第 5 秒处设置"缩放（Scale）"关键帧，并将第 0 秒 logo 的比例设置为"90%"，将第 5 秒 logo 的比例设置为"100%"，从而模拟 logo 由小变大的上升过程。

提示：应该让最后的 logo 尺寸略小于"焦散"图层中 logo 形状的波纹的尺寸，这样可以显现出 logo 边缘处的波纹。

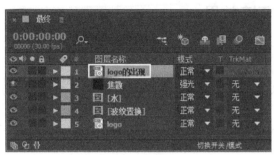

图 9-30　时间线分布

分别在"不透明度（Opacity）"属性的第 2 秒、第 5 秒处设置关键帧，并将第 2 秒处 logo 的不透明度设置为"0%"、将第 5 秒处 logo 的"不透明度（Opacity）"设置为"100%"，使 logo 逐渐显现出来，从而模拟出水的深度。

5）按小键盘上的〈0〉键预览动画，可见 logo 在水下的时候还缺乏由于水的折射而发生的扭曲变形，下面来解决这个问题，方法为：选中"logo 的出现"图层，选择"效果（Effect）|扭曲（Distort）| 置换图（Displacement Map）"命令，给它添加一个"置换图（Displacement Map）"特效，并将"置换图层（Displacement Map Layer）"设置为"4.波纹置换"，如图 9-31 所示。然后分别在第 4 秒和第 5 秒的"最大水平置换（Max Horizontal Displacement）""最大垂直置换（Max Vertical Displacement）"设置关键帧，数值分别为"30"和"0"，从而模拟出 logo 在露出水面后不再扭曲变形的效果。

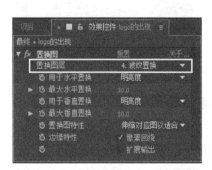

图 9-31　设置"置换图（Displacement Map）"参数

6）按键盘上的空格键预览动画，最终效果如图 9-32 所示。

7）选择"文件（File）| 保存（Save）"命令，将文件进行保存。然后选择"文件（File）| 整理工程文件（Dependencies）　|收集文件（Collect Files）"命令，将文件进行打包。

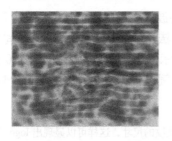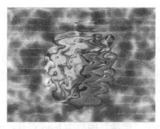

图 9-32　最终效果

9.3　飞龙穿越水幕墙效果

要点：

本例将制作飞龙穿越水幕墙的效果，如图9-33所示。通过对本例的学习，读者应掌握"波形环境（Wave World）""焦散（Caustics）""最小/最大（Minimax）""发光（Glow）""Shine（光芒）""高斯模糊（Gaussian Blur）"特效，以及"预合成（Pre-compose）"命令和图层混合模式的应用。

图 9-33　飞龙穿越水幕墙效果

操作步骤：

1. 制作飞龙近大远小的效果

1）启动 After Effects CC 2018，选择"合成（Composition）|新建合成（New Composition）"命令，在弹出的对话框中设置参数，如图 9-34 所示，单击"确定"按钮。

2）导入素材。方法为：选择"文件（File）|导入（Import）|文件（File）"命令，在弹出的"导入文件"对话框中选择网盘中的"源文件\第 4 部分 高级技巧\第 9 章 变形效果\9.3 飞龙穿越水幕墙效果\（素材）\dragon2\dragon20000.tga"图片，然后选中"Targa 序列"复选框，如图 9-35 所示，单击"打开"按钮。接着在弹出的对话框中单击 清则 按钮，如图 9-36 所示，单击"OK"按钮，将其导入"项目（Project）"面板中。同理，导入网盘中的"源文件\第 4 部分 高级技巧\第

9 章 变形效果\9.3 飞龙穿越水幕墙效果 \ (素材) \背景 .jpg" 图片。此时 "项目 (Project)" 面板
如图 9-37 所示。

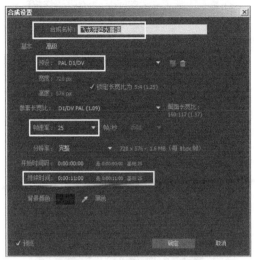

图 9-34　设置合成图像参数

图 9-35　选中 "Targa 序列" 复选框

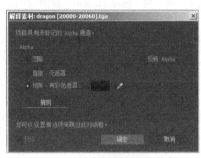

图 9-36　单击 ████ 猜测 ████ 按钮

图 9-37　"项目 (Project)" 面板

3) 从 "项目 (Project)" 面板中将 "dragon [20000-20060].tga" 和 "背景 .jpg" 拖入 "时间线"
窗口, 然后将 "背景 .jpg" 放置到最下面。

4) 此时飞龙素材的长度只有 2 秒 10 帧, 如图 9-38 所示, 下面延长飞龙素材的长度。方法
为: 在项目窗口中右击 "dragon [20000-20060].tga" 素材, 然后从弹出的快捷菜单中选择 "解释
素材 (Interpret Footage) | 主要 (Main)" 命令, 如图 9-39 所示。接着在弹出的 "解释素材 (Interpret
Footage)" 对话框中将 "循环 (Loop)" 设置为 4 次, 如图 9-40 所示, 单击 "确定" 按钮。最后在 "时
间线" 窗口中延长 "dragon [20000-20060].tga" 图层的长度, 如图 9-41 所示。

图 9-38　飞龙素材的长度只有 2 秒 10 帧

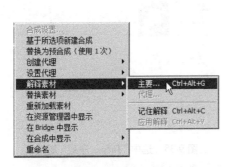

图 9-39　选择"主要（Main）"命令

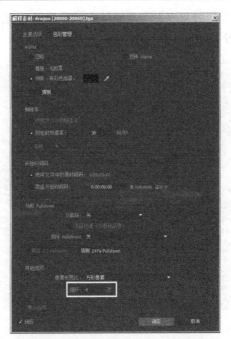

图 9-40　将"循环（Loop）"设置为4次

图 9-41　延长"dragon [20000-20060].tga"图层的长度

5）调整"背景.jpg"的大小。方法为：在"时间线"窗口中选择"背景.jpg"图层，然后按〈S〉键，显示出"缩放（Scale）"属性。接着将"缩放（Scale）"设置为80%，如图 9-42 所示，效果如图 9-43 所示。

图 9-42　将"背景.jpg"图层的"缩放（Scale）"
设置为80%

图 9-43　调整"背景.jpg"图层"缩放（Scale）"
后的效果

6）调整飞龙从远处飞近的效果。方法为：选择"dragon [20000-20060].tga"，然后单击 ⬚ 按钮，将其转换为三维图层。接着按〈P〉键，显示出"位置 (Position)"属性。再在第 0 帧记录 Z 位置的关键帧参数为 2000.0，如图 9-44 所示，效果如图 9-45 所示。最后在第 4 秒记录 Z 位置的关键帧参数为 500.0，如图 9-46 所示，效果如图 9-47 所示。此时关键帧分布如图 9-48 所示。

图 9-44　在第 0 帧记录 Z 位置的关键帧参数为 2000.0

图 9-45　第 0 帧的画面效果

图 9-46　在第 4 秒记录 Z 位置的关键帧参数为 500.0

图 9-47　第 4 秒的画面效果

图 9-48　关键帧分布

2. 制作飞龙穿透水幕墙时水幕墙的涟漪效果

1）新建一个与"飞龙穿越水幕墙"合成图像等大的图层"灰色 纯色 1"。然后选择"灰色 纯色 1"图层，选择"效果 (Effect)｜模拟 (Simulation)｜波形环境 (Wave World)"命令，效果如图 9-49 所示。

图 9-49 "波形环境 (Wave World)"效果

2) 为了便于观看效果,下面在"效果控件(Effect Controls)"面板中将"灰色 纯色1"的"视图 (View)"设置为"高度地图 (Height Map)",如图 9-50 所示,效果如图 9-51 所示。此时预览,可以看到波纹的动画效果。

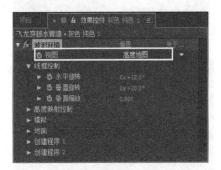

图 9-50 将"视图 (View)"设置为"高度地图 (Height Map)"

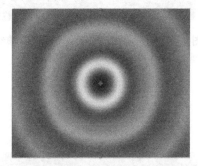

图 9-51 将"视图 (View)"设置为"高度地图 (Height Map)"后的效果

3) 根据对飞龙穿透水幕墙产生波纹的理解,波纹开始区域应该和飞龙大小相似,而此时波纹有些大,下面在"效果控件 (Effect Controls)" 面板中调节"波形环境 (Wave World)" 特效中"创建程序 1(Producer 1)"的"高度/长度 (Height/Length)"和"宽度 (Width)"的值,如图 9-52 所示,效果如图 9-53 所示。

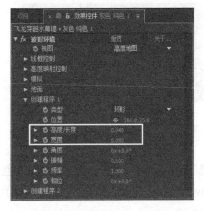

图 9-52 设置"创建程序 1 (Producer 1)"参数

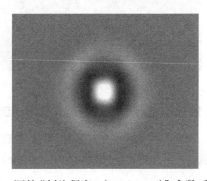

图 9-53 调整"创建程序 1 (Producer 1)"参数后的效果

4）飞龙在穿透水幕墙前，水幕墙是没有水波涟漪效果的，而此时的水波涟漪效果是始终存在的。下面调节参数，使水波涟漪在飞龙第 24 帧以后开始穿透水幕墙时产生。方法为：分别在第 24 帧、第 1 秒 12 帧、第 2 秒和第 2 秒 14 帧录制"创建程序 1（Producer 1）"中的"振幅（Amplitude）"关键帧参数，如图 9-54 所示，预览效果如图 9-55 所示。

图 9-54　分别在第 24 帧、第 1 秒 12 帧、第 2 秒和第 2 秒 14 帧录制"创建程序 1（Producer 1）"中的"振幅（Amplitude）"关键帧参数

 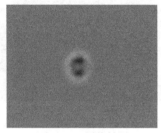 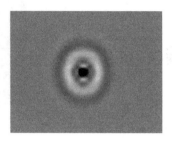

图 9-55　预览效果

5）此时预览，可以发现水波涟漪效果过于规则。下面对"创建程序 1（Producer 1）"中"位置（Position）"参数进行调节。方法为：分别在第 1 秒 4 帧、第 1 秒 12 帧和第 2 秒录制"位置（Position）"的关键帧参数，如图 9-56 所示，预览效果如图 9-57 所示。

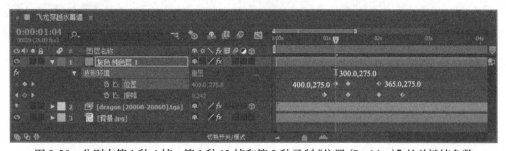

图 9-56　分别在第 1 秒 4 帧、第 1 秒 12 帧和第 2 秒录制"位置（Position）"的关键帧参数

 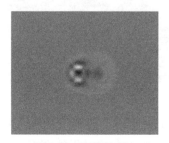 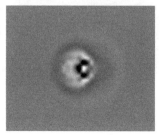

图 9-57　预览效果

6）为了使涟漪效果更加真实，下面进一步设置"波形环境（Wave World）"中"创建程序 2（Producer 2）"中的相关参数。方法为：展开"创建程序 2（Producer 2）"选项组，然后调整"高度/长度（Height/Length）"和"宽度（Width）"的值，如图 9-58 所示。接着分别在第 24 帧、第 1 秒 12 帧、第 2 秒和第 2 秒 14 帧录制"创建程序 2（Producer 2）"选项组中的"振幅（Amplitude）"关键帧参数，再分别录制第 1 秒 4 帧、第 1 秒 12 帧和第 2 秒"位置（Position）" 的关键帧参数，如图 9-59 所示，预览效果如图 9-60 所示。

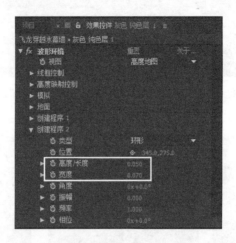

图 9-58 调整"创建程序 2（Producer 2）"选项组中的"高度 / 长度（Height/Length）"和"宽度（Width）"的值

图 9-59 在不同帧录制"创建程序 2（Producer 2）"选项组中的"振幅（Amplitude）"和"位置（Position）"参数

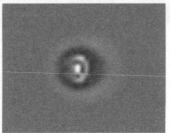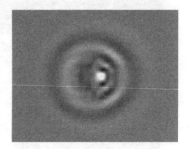

图 9-60 预览效果

7）水波涟漪的区域只局限于天空，下面利用蒙版约束水波涟漪的区域。方法为：新建一个与"飞龙穿越水幕墙"合成图像等大的"灰色 纯色层 2"图层，然后为了方便绘制隐藏除"背景"图层以外的其余图层，接着利用工具栏中的 钢笔工具，根据背景图像中的天空位置在"灰色 纯色层 2"图层上进行绘制，如图 9-61 所示。最后选择"灰色 纯色层 2"图层，将"蒙版 1（Mask 1）"的蒙版模式设置为"相减（Subtract）"，如图 9-62 所示，再显示出"灰色 纯色层 2"图层和"灰色 纯色层 1"图层，效果如图 9-63 所示。

> 提示：本例通过在新建的"灰色 纯色层 2"图层上绘制蒙版，而不是直接在"灰色 纯色层 1"图层上绘制蒙版来限制天空区域，是因为蒙版只对图层起作用，而不对效果起作用。我们在"灰色 纯色层 1"上添加了"波形环境（Wave World）"效果，因此在该图层上绘制蒙版是无法约束水波涟漪效果的区域的。此时要限制水波涟漪效果的区域有两种方法。一是新建纯色层，然后在新建纯色层上绘制蒙版（也就是本例采用的方法）；二是将当前添加了"波形环境（Wave World）"效果的图层通过"预合成（Pre-compose）"命令进行嵌套，然后再在嵌套后的图层上绘制要限制的区域。

图 9-61　在"灰色 纯色层 2"图层上绘制出天空的区域

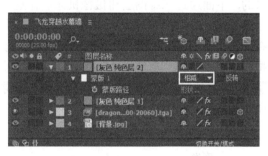

图 9-62　将"蒙版 1（Mask 1）"的蒙版模式设置为"相减（Subtract）"

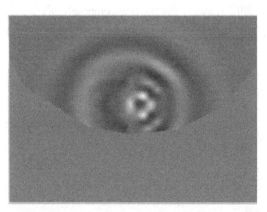

图 9-63　显示出"灰色 纯色层 2"和"灰色 纯色层 1"图层的效果

8）此时可以看到，利用 （钢笔工具）绘制出的蒙版边缘与"灰色 纯色层 1"上的水波涟漪的接缝不圆滑，下面通过调整"蒙版羽化（Mask Feather）"值来解决这个问题。方法为：选择"灰色 纯色层 2"图层，然后按〈M〉键两次，展开"蒙版 1（Mask 1）"属性，接着将"蒙版羽化（Mask Feather）"的数值设置为 125 像素，如图 9-64 所示，效果如图 9-65 所示。

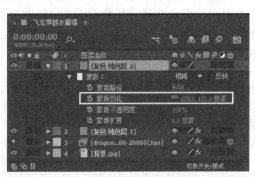

图 9-64　将"蒙版羽化 (Mask Feather)"值设
置为 125 像素

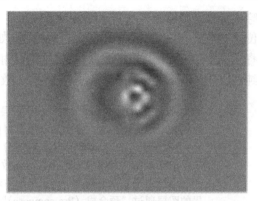

图 9-65　将"蒙版羽化 (Mask Feather)"值设
置为 125 像素后的效果

9) 天空是具有透视效果的, 因此飞龙穿越水幕墙时的水波涟漪效果也应该是具有透视效果的, 下面通过三维图层和摄像机来制作这个效果。方法为：选择"灰色 纯色层 1"图层, 然后单击◎按钮, 将其转换为三维图层。选择"图层 (Layer) | 新建 (New) | 摄像机 (Camera)"命令, 在弹出的"摄像机设置 (Camera Settings)"对话框中设置参数, 如图 9-66 所示, 单击"确定"按钮, 从而新建"摄像机 1"图层, 此时"时间线"窗口如图 9-67 所示。最后利用工具栏中的◎(旋转工具) 沿 X 轴旋转"灰色 纯色层 1"图层中的图像, 使之与天空透视角度相同, 如图 9-68 所示。

提示：如果此时通过水波涟漪可以看到背景图像, 则可对蒙版上的节点进行调节, 使之完全遮挡住背景图像。

10) 将相关的水波涟漪的图层进行嵌套。方法为：选择"摄像机 1""灰色 纯色层 1"和"灰色纯色层 2"图层, 然后选择"图层 (Layer) | 预合成 (Pre-compose)" 命令, 在弹出的对话框中, 设置"新建合成名称"为"water", 如图 9-69 所示, 单击"确定"按钮, 此时"时间线"窗口如图 9-70 所示。

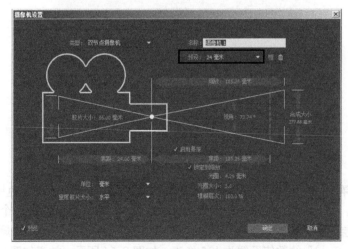

图 9-66　设置"Camera (摄像机)"参数

图 9-67 时间线分布

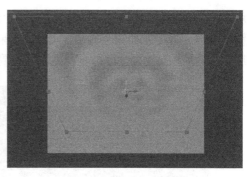

图 9-68 旋转"灰色 纯色层 1"图层中的图像
使之与天空透视角度相同

图 9-69 设置"新建合成名称"为"water"

图 9-70 时间线分布

11) 利用"water"图层的水波涟漪效果来影响天空。方法为：隐藏嵌套后的"water"图层，然后选择"背景"图层，选择"效果 (Effect) | 模拟 (Simulation) | 焦散 (Caustics)"命令，然后在"效果控件(Effect Controls)"面板中将"焦散(Caustics)"中"水面(Water Surface)"设置为"1.water"，再将"表面不透明度 (Surface Opacity)"设置为 0，如图 9-71 所示，效果如图 9-72 所示。

图 9-71 设置"焦散 (Caustics)"参数

图 9-72 调整"焦散 (Caustics)"参数后的效果

3. 制作飞龙穿越水幕墙的效果

1) 利用"最小 / 最小 (Minimax)"特效来控制隐藏或显示飞龙。方法为：选择"dragon [20000-20060].tga"图层，然后选择"效果 (Effect) | 通道 (Channel) | 最小 / 最大 (Minimax)"命令，在"效果控件(Effect Controls)"面板中设置"操作(Operation)"为"最小值(Minimum)"，"通道 (Channel)"为"Alpha"，再在第 24 帧将"半径 (Radius)"的关键帧参数设置为"25"，如图 9-73

所示，从而完全隐藏飞龙，效果如图 9-74 所示。接着在第 1 秒 23 帧设置"半径 (Radius)"的关键帧参数为"0"，从而完全显示出飞龙，效果如图 9-75 所示，此时时间线的关键帧分布如图 9-76 所示。最后预览动画，即可看到飞龙从无到有逐渐显现的效果，如图 9-77 所示。

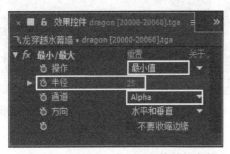

图 9-73　设置"最大/最小"特效的参数

图 9-74　第 24 帧的画面效果

图 9-75　第 1 秒 23 帧的画面效果

图 9-76　关键帧分布

图 9-77　预览效果

2）为了便于管理，下面对"dragon [20000-20060].tga"图层进行嵌套。方法为：选择"dragon [20000-20060].tga"图层，选择"图层 (Layer) | 预合成 (Pre-compose)" 命令，然后在弹出的对话框中设置参数，如图 9-78 所示，单击"确定"按钮，此时"时间线"窗口如图 9-79 所示。

图 9-78　设置"预合成"参数

图 9-79　时间线分布

3) 制作飞龙穿越水幕时产生的辉光效果。方法为：选择嵌套后的"dragon [20000-20060].tga 合成 1"图层，然后选择"效果 (Effect) | 风格化 (Stylize) | 发光 (Glow)" 命令，在"效果控件 (Effect Controls)" 面板中设置参数，如图 9-80 所示。接着根据飞龙穿越水幕前后的辉光从小到大再到小的特点，分别在第 1 秒 19 帧、第 2 秒 3 帧和第 2 秒 22 帧设置"发光半径 (Glow Radius)"和"发光强度 (Glow Intensity)"的关键帧参数，如图 9-81 所示，此时预览效果如图 9-82 所示。

图 9-80　设置"发光 (Glow)"参数

图 9-81　在不同帧设置"发光半径 (Glow Radius)"和"发光强度 (Glow Intensity)"的关键帧参数

图 9-82　辉光预览效果

4）为了增强视觉冲击力，下面再给飞龙添加一个扫光效果。方法为：选择嵌套后的"dragon [20000-20060].tga 合成 1"图层，然后选择"效果（Effect）|Trapcode（编码）|Shine（光芒）"命令，此时默认扫光颜色为黄色，如图 9-83 所示，而我们需要飞龙按照自身的颜色进行扫光。下面在"特效控制台"面板中将"Colorize"设置为"None"，如图 9-84 所示，从而使扫光按照飞龙自身的色彩进行扫光。接着分别在第 2 秒 03 帧、第 2 秒 18 帧和第 4 秒 01 帧设置 Ray Length 和 Boost Light 的关键帧参数，如图 9-85 所示。此时预览效果如图 9-86 所示。

图 9-83　默认扫光效果

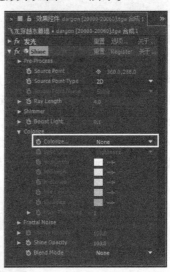

图 9-84　将"Colorize"设置为"None"

图 9-85　Shine 特效的关键帧分布

图 9-86　扫光预览效果

5）此时飞龙在穿越水幕墙时自身被光芒完全覆盖了，而我们需要飞龙在穿越水幕墙时自身是可见的，而光芒只在飞龙边缘出现，下面通过复制"dragon [20000-20060].tga 合成 1"图层来解决这个问题。方法为：选择"dragon [20000-20060].tga 合成 1"图层，按快捷键〈Ctrl+D〉，复制出"dragon [20000-20060].tga 合成 2"图层，然后在"效果控件 (Effect Controls)"面板中取消"dragon [20000-20060].tga 合成 2"图层"Shine"特效的显示，如图 9-87 所示。接着将"dragon [20000-20060].tga 合成 1"图层的混合模式设置为"相加 (Add)"，如图 9-88 所示，效果如图 9-89 所示。

图 9-87 取消"dragon [20000-20060].tga 合成 2"图层"Shine"特效的显示

图 9-88 将"dragon [20000-20060].tga 合成 1"图层的混合模式设置为"相加 (Add)"

图 9-89 预览效果

4. 制作飞龙穿越水幕前的半透明效果

1) 此时预览会发现飞龙在穿越水幕墙前是不可见的，而实际情况应该是飞龙在穿越水幕墙前是可见的，只是虚化而已。下面就来制作这个效果。

2) 在"项目"面板中双击"dragon [20000-20060].tga Comp 1"合成图像进入编辑状态，然后在"时间线"窗口中选择"dragon [20000-20060].tga"图层，如图 9-90 所示，按快捷键〈Ctrl+C〉进行复制。接着回到"飞龙穿越水幕墙"合成图像中按快捷键〈Ctrl+V〉进行粘贴，如图 9-91 所示。

3) 选择粘贴后的"dragon [20000-20060].tga"图层，然后在"效果控件 (Effect Controls)"面板中删除"最小 / 最小 (Minimax)"特效。此时第 0 帧的效果如图 9-92 所示。

图 9-90　选择 "dragon [20000-20060].tga" 图层　　图 9-91　将 "dragon [20000-20060].tga" 图层粘贴到 "飞龙穿越水幕墙" 合成图像中

图 9-92　第 0 帧的效果

4）制作飞龙穿越水幕前的虚化效果。方法为：选择 "dragon [20000-20060].tga" 图层，然后将图层的混合模式设置为 "柔光（Soft Light）"，如图 9-93 所示，效果如图 9-94 所示。接着选择 "dragon [20000-20060].tga" 图层，执行菜单中的 "效果（Effect）| 模糊和锐化（Blur&Sharpen）| 高斯模糊（Gaussian Blur）" 命令，再在 "效果控件（Effect Controls）" 面板中设置参数如图 9-95 所示，效果如图 9-96 所示。

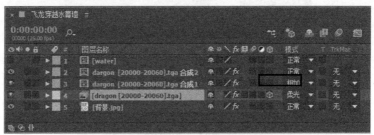

图 9-93　将图层的混合模式设置为 "柔光（Soft Light）"

图 9-94　将图层的混合模式设置为 "柔光（Soft Light）" 后的效果

图 9-95　设置"高斯模糊 (Gaussian Blur)"参数 　图 9-96　调整"高斯模糊 (Gaussian Blur)"参数后的效果

5）至此，飞龙穿越水幕墙的效果制作完毕。按键盘上的空格键预览动画，效果如图 9-97 所示。

图 9-97　最终效果

6）选择"文件 (File) | 保存 (Save)"命令，将文件进行保存。然后选择"文件 (File) | 整理工程文件 (Dependencies) | 收集文件 (Collect Files)"命令，将文件进行打包。

9.4　课后练习

1. 利用网盘中的"源文件\第 4 部分 高级技巧\第 9 章 变形效果\课后练习\练习 1\（素材）\Logo.tga"文件，制作出水的 Logo 效果，如图 9-98 所示。参数可参考网盘中的"源文件\第 4 部分 高级技巧\第 9 章 变形效果\课后练习\练习 1\练习 1.aep"文件。

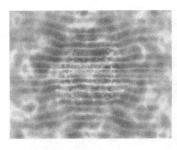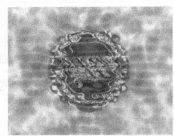

图 9-98　练习 1 效果

2. 利用网盘中的"源文件\第 4 部分 高级技巧\第 9 章 变形效果\课后练习\练习 2\(素材)\老人 .jpg"和"青年 .jpg"文件，制作变脸效果。参数可参考网盘中的"源文件\第 4 部分 高级技巧\第 9 章 变形效果\课后练习\练习 2\练习 2.aep"文件。

第10章　抠像与跟踪

本章重点：

在影视广告中，利用抠像可以十分方便地将蓝屏或绿屏拍摄的影像与其他影像进行合成；利用跟踪可以获得图层中某些效果点的运动信息，例如位置、旋转、缩放等，然后将其传送到另一个图层的效果点中，从而实现另一个图层或者效果点的运动与该图层追踪点的运动一致。通过本章的学习，读者应掌握抠像与跟踪的使用方法。

10.1　群鸟飞过天空效果

要点：

本例将对绿屏进行抠像，如图10-1所示，从而制作出群鸟飞过天空的效果。通过本例的学习，读者应掌握"Key Light"特效的应用。

 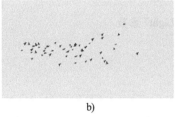 

a)　　　　　　　　　　　　　　b)　　　　　　　　　　　　　　c)

图 10-1　群鸟飞过天空效果

a) 素材 .mp4　b) 群鸟 .mp4　c) 结果图

操作步骤：

1) 启动 After Effects CC 2018，选择"文件（File）| 导入（Import）| 文件（File）"命令，导入网盘中的"源文件 \ 第 4 部分 高级技巧 \ 第 10 章 抠像与跟踪 \10.1 群鸟飞过天空效果 \（素材）\ 素材 .mp4"和"群鸟 .mp4"视频。

2) 创建一个与"素材 .mp4"文件等大的合成图像。方法为：将"项目（Project）"窗口中的"素材 .mp4"拖到下方的 ![按钮] （新建合成）按钮上，从而创建一个与"素材 .mp4"文件等大的合成图像。

3) 对"群鸟 .mp4"进行抠像处理。方法为：将"项目（Project）"窗口中的"群鸟 .mp4"拖入"时间线"窗口"素材 .mp4"上方，如图 10-2 所示。然后选择"群鸟 .mp4"图层，选择"效果 (Effect) | 抠像（Keying）| Key Light (1.2)"命令，在"效果控件（Effect Controls）"面板中单击"Screen Colour"后的 ![按钮] 按钮后吸取视频中的绿色，如图 10-3 所示，此时视频中的绿色就被抠除了，效果如图 10-4 所示。

4) 选择"文件 (File) | 保存 (Save)"命令，将文件进行保存。然后选择"文件 (File) | 整理工程（文件）(Dependencies) | 收集文件 (Collect Files)"命令，将文件进行打包。

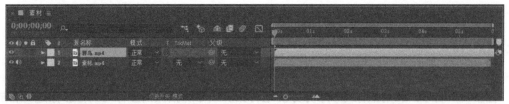

图 10-2　将"项目（Project）"窗口中的"群鸟 .mp4"拖入"时间线"窗口"素材 .mp4"上方

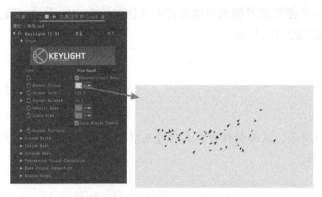

图 10-3　设置"Key Light"参数

图 10-4　抠像效果

10.2　下雨效果

 要点：

本例将对绿屏进行抠像，从而制作出下雨效果，如图 10-5 所示。通过本例的学习，读者应掌握"Key Light"特效的应用。

a)

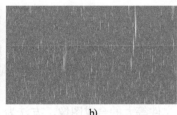

b)

c)

图 10-5　下雨效果

a) 素材 .mp4　b) 下雨 .mov　c) 效果图

操作步骤：

1）启动 After Effects CC 2018，选择"文件（File）|导入（Import）|文件（File）"命令，导入网盘中的"源文件 \ 第 4 部分 高级技巧 \ 第 10 章 抠像与跟踪 \10.2 下雨效果 \（素材）\ 素材 .mp4"和"下雨 .mov"视频。

2）创建一个与"素材 .mp4"文件等大的合成图像。方法为：将"项目（Project）"窗口中的"素材 .mp4"拖到下方的 ▣（新建合成）按钮上，从而创建一个与"素材 .mp4"文件等大的合成图像。

3）对"下雨 .mov"进行抠像处理。方法为：将"项目（Project）"窗口中的"下雨 .mov"

拖入"时间线"窗口"素材 .mp4"上方，如图 10-6 所示。然后选择"下雨 .mov"图层，选择"效果（Effect）｜抠像（Keying）｜Key Light（1.2）"命令，在"效果控件（Effect Controls）"面板中单击"Screen Colour"后的 按钮后吸取视频中的绿色，如图 10-7 所示，此时视频中的绿色就被抠除了，效果如图 10-8 所示。

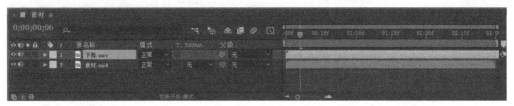

图 10-6　将"项目（Project）"窗口中的"下雨 .mov"拖入"时间线"窗口"素材 .mp4"上方

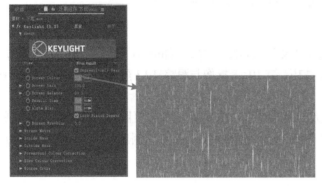

图 10-7　设置"Key Light"参数

图 10-8　抠像效果

4) 此时下雨效果不太真实，下面在"时间线"窗口中选择"下雨 .mov"，然后按〈T〉键，显示出"透明度"参数，并将"透明度（Opacity）"设置为 50%，如图 10-9 所示，效果如图 10-10 所示。

图 10-9　将"透明度（Opacity）"设置为 50%　　　图 10-10　将"透明度（Opacity）"设置为 50% 的效果

5) 选择"文件（File）｜保存（Save）"命令，将文件进行保存。然后选择"文件（File）｜整理工程（文件）（Dependencies）｜收集文件（Collect Files）"命令，将文件进行打包。

10.3　晨雾中的河滩效果

要点：

本例将利用 After Effects CC 2018 自身所带的键控工具，制作晨雾中的河滩效果，如图 10-11

所示。通过本例的学习，应掌握"颜色差值键（Color Difference Key）" "遮罩阻塞工具（Matte Choker）" "曲线（Curve）"特效的应用。

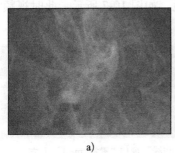

图 10-11　晨雾中的河滩效果
a) 烟 .avi　b) 河滩 .jpg　c) 最终效果

操作步骤：

1) 启动 After Effects CC 2018，选择"文件（File）| 导入（Import）| 文件（File）"命令，导入网盘中的"源文件 \ 第 4 部分 高级技巧 \ 第 10 章 抠像与跟踪 \10.3 晨雾中的河滩效果 \（素材）\ 河滩 .jpg"和"烟 .avi"文件。

2) 创建一个与"烟 .avi"文件等大的合成图像。方法为：将"项目（Project）"窗口中的"烟 .avi"拖到下方的 （新建合成）按钮上，从而创建一个与"烟 .avi"文件等大的合成图像，如图 10-12 所示。

图 10-12　创建一个与"烟 .avi"文件等大的合成图像

3) 此时"烟 .avi"右侧有个竖条，下面去除这个区域。方法为：在"时间线"窗口中选择"烟 .avi"，然后按〈S〉键，显示出"缩放（Scale）"参数，并将"缩放（Scale）"设置为 120%，如图 10-13 所示。接着按〈P〉键，显示出"位置（Position）"参数，并将"位置（Position）"设置为（420.0,288.0），如图 10-14 所示，此时画面中的竖条区域就消失了，如图 10-15 所示。

4) 将"项目（Project）"窗口中的"河滩 .jpg"图片拖入"时间线"窗口，并放置在"烟 .avi"图层的下方，然后将入点与"烟 .avi"图层对齐，如图 10-16 所示。

5) 利用键控去除蓝色。方法为：选择"烟 .avi"图层，然后选择"效果（Effect）| 抠像（Keying）| 颜色差值键（Color Difference Key）"命令，在弹出的"效果控件（Effect Controls）"面板中，设置参数如图 10-17 所示，效果如图 10-18 所示。

图 10-13　将"缩放"设置为 120%

图 10-14　将"位置"设置为 (420.0,288.0)

图 10-15　画面效果

图 10-16　时间线分布

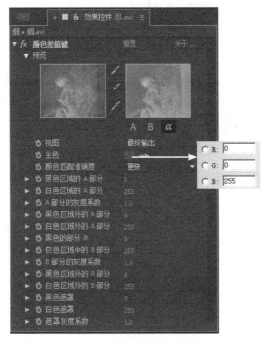

图 10-17　设置"颜色差值键"参数

图 10-18　调整"颜色差值键"参数后的效果

6) 为了使烟雾与背景更好地融合，下面选择"烟.avi"图层。选择"效果（Effect）| 遮罩（Matte）| 遮罩阻塞工具（Matte Choker）"命令，设置参数如图 10-19 所示，效果如图 10-20 所示。

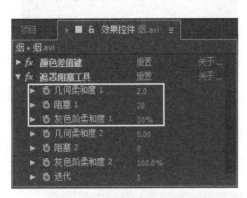

图 10-19　设置"遮罩阻塞工具"参数　　　　图 10-20　调整"遮罩阻塞工具"参数后的效果

7) 调整烟雾对比度。方法为：依然选择"烟.avi"图层，然后选择"效果（Effect）| 颜色校正（Color Correction）| 曲线（Curve）"命令，设置参数如图 10-21 所示，效果如图 10-22 所示。

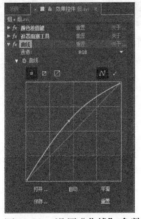

图 10-21　设置"曲线"参数　　　　图 10-22　调整"曲线"参数后的效果

8) 在"预览（Preview）"面板中单击▶（播放）按钮，预览动画，效果如图 10-23 所示。

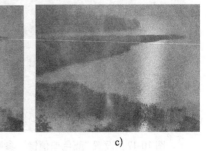

a)　　　　　　　　　b)　　　　　　　　　c)

图 10-23　最终效果

9）选择"文件（File）｜保存（Save）"命令，将文件进行保存。然后选择"文件（File）｜整理工程（文件）（Dependencies）｜收集文件（Collect Files）"命令，将文件进行打包。

10.4　吃草的两只羊

要点：

本例将对绿屏进行抠像，从而制作出牛群中吃草的两只羊效果，如图10-24所示。通过本例的学习，读者应掌握"Key Light"和"水平翻转（Flip Horizontal）"特效的应用。

a)　　　　　　　　　　　　　　b)　　　　　　　　　　　　　　c)

图 10-24　吃草的两只羊效果

a) 素材 .mp4　b) 羊 .mp4　c) 效果图

操作步骤：

1）启动 After Effects CC 2018，选择"文件（File）｜导入（Import）｜文件（File）"命令，导入网盘中的"源文件\第 4 部分 高级技巧\第 10 章 抠像与跟踪\10.4　吃草的两只羊\（素材）\ 素材 .mp4"和"羊 .mp4"视频。

2）创建一个与"素材 .mp4"文件等大的合成图像。方法为：将"项目（Project）"窗口中的"素材 .mp4"拖到下方的 ![按钮]（新建合成）按钮上，从而创建一个与"素材 .mp4"文件等大的合成图像。

3）对"羊 .mp4"进行抠像处理。方法为：将"项目（Project）"窗口中的"羊 .mp4"拖入"时间线"窗口"素材 .mp4"上方，如图 10-25 所示。然后选择"羊 .mp4"图层，选择"效果（Effect）｜抠像（Keying）｜Key Light（1.2）"命令，在"效果控件（Effect Controls）"面板中单击"Screen Colour"后的 ![按钮]按钮后吸取视频中的绿色，如图 10-26 所示，此时视频中的绿色就被抠除了，效果如图 10-27 所示。

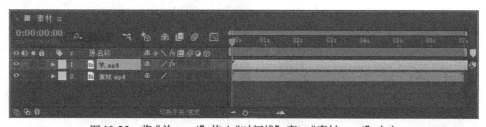

图 10-25　将"羊 .mp4"拖入"时间线"窗口"素材 .mp4"上方

图 10-26　设置"Key Light"参数　　　　　　　　　　　　图 10-27　抠像效果

4）此时羊的尺寸过大，下面在"时间线"窗口中选择"羊.mp4"图层，然后按〈S〉键，显示出"缩放（Scale）"参数，并将"缩放（Scale）"设置为 60%，如图 10-28 所示，接着将其移动到合适位置，效果如图 10-29 所示。

图 10-28　将"缩放（Scale）"设置为 60%　　　图 10-29　将"缩放（Scale）"设置为
　　　　　　　　　　　　　　　　　　　　　　　　60%，并将其移动到合适位置的效果

5）为了使画面更加丰富，下面在画面中添加第二只羊。方法为：在"时间线"窗口中选择"羊.mp4"图层，按〈Ctrl+D〉键，从而复制出一个"羊.mp4"图层，如图 10-30 所示。然后选择"图层（Layer）｜变换（Transform）｜水平翻转（Flip Horizontal）"命令，效果如图 10-31 所示。

图 10-30　复制出一个"羊.mp4"图层　　　　　图 10-31　水平翻转"羊.mp4"图层的效果

6）将复制后的羊移动到画面远处，然后为了形成近大远小的效果，下面在"时间线"窗口中选择复制后的"羊.mp4"图层，按〈S〉键，显示出"缩放（Scale）"参数，并将"缩放（Scale）"设置为（-30.0，30.0%），如图 10-32 所示，效果如图 10-33 所示。

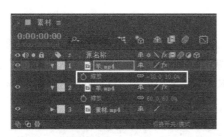

图 10-32　将"缩放（Scale）"设置为（-30.0，30.0%）　　图 10-33　调整第二只羊的位置和缩放后的效果

7）按小键盘上的〈0〉键，预览动画，会发现此时两只羚羊虽然在水平方向上是相反的，但动作是同步的，很不真实，卜面就来解决这个问题。方法为：在"时间线"窗口中选择复制后的"羊.mp4"图层，然后将其时间线往左侧移动一段距离，如图 10-34 所示，接着按小键盘上的〈0〉键，预览动画，此时两只羊的动作就不是同步的了，效果如图 10-35 所示。

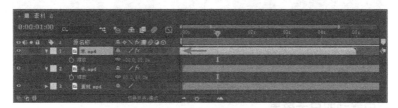

图 10-34　将复制后的"羊.mp4"图层的时间线往左侧移动一段距离

图 10-35　两只羊的动作不同步的效果

8）将整个时间线输出范围设置为 5 秒，如图 10-36 所示。

图 10-36　将整个时间线输出范围设置为 5 秒

9）选择"文件（File）|保存（Save）"命令，将文件进行保存。然后选择"文件（File）|整理工程（文件）（Dependencies）|收集文件（Collect Files）"命令，将文件进行打包。

10.5 水中倒影效果

要点:

本例将利用After Effects CC 2018自身的特效,制作天空中飘动的白云以及动态的水中倒影效果,如图10-37所示。通过本例的学习,应掌握"分形杂色(Fractal Noise)""色阶(Levels)""色调(Tint)""线性颜色键(Linear Color Key)""定向模糊(Directional Blur)"和"置换图(Displacement Map)"特效的综合的应用。

图10-37 水中倒影效果

操作步骤:

1.制作天空中飘动的白云效果

1) 启动 After Effects CC 2018,选择"合成(Composition)|新建合成(New Composition)"命令,在弹出的对话框中设置参数,如图10-38所示,单击"确定"按钮。

2) 创建"黑色 纯色 1"图层。方法为:选择"图层(Layer)|新建(New)|纯色(Solid)"命令,然后在弹出的对话框中单击 制作合成大小 (Make Comp size)按钮,再单击"确定"按钮,从而新建一个与合成图像等大的纯色层,如图10-39所示。

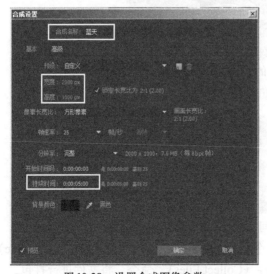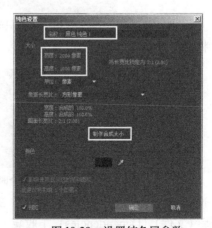

图10-38 设置合成图像参数 图10-39 设置纯色层参数

3）选择新建的"黑色 纯色 1"图层，然后选择"效果 (Effect）| 杂色和颗粒 (Noise&Grain) |
分形杂色 (Fractal Noise)"命令，在"效果控件 (Effect Controls)"面板中设置相关参数，并在
第 0 帧记录"偏移（湍流）"和"演化"的关键帧参数，如图 10-40 所示，效果如图 10-41 所示。
接着在第 4 秒 24 帧设置"偏移（湍流）"和"演化"的关键帧参数，如图 10-42 所示，效果如
图 10-43 所示。此时"时间线"窗口中关键帧的分布如图 10-44 所示。

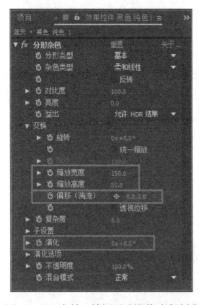

图 10-40　在第 0 帧记录"偏移（湍流）"
和"演化"的关键帧

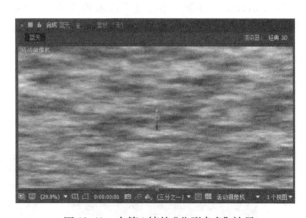

图 10-41　在第 0 帧的"分形杂色"效果

图 10-42　在第 4 秒 24 帧记录"偏移
（湍流）"和"演化"的关键帧

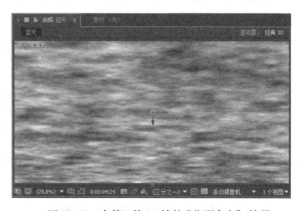

图 10-43　在第 4 秒 24 帧的"分形杂色"效果

图 10-44　关键帧分布

4）增强噪波的明暗对比度。方法为：选择"效果（Effect）|颜色校正（Color Correction）|色阶（Levels）"命令，然后在"效果控件（Effect Controls）"面板中设置参数如图 10-45 所示，效果如图 10-46 所示。

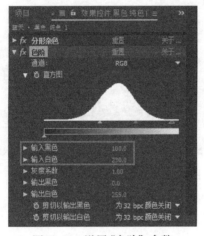

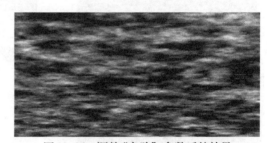

图 10-45　设置"色阶"参数　　　　　　　　图 10-46　调整"色阶"参数后的效果

5）调整出蓝天的颜色。方法为：选择"效果（Effect）|颜色校正（Color Correction）|色调（Tint）"命令，然后在"效果控件（Effect Controls）"面板中设置参数如图 10-47 所示，效果如图 10-48 所示。

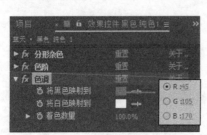

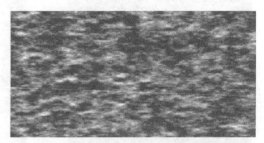

图 10-47　设置"色调"参数　　　　　　　　图 10-48　调整"色调"参数后的效果

6）在"时间线"窗口中打开"黑色 纯色 1"的三维显示开关，然后设置"位置"为（1000，500，-1500），"X 轴旋转"为 0x+52.5°，如图 10-49 所示，效果如图 10-50 所示。

图 10-49　设置"位置"和"X 轴旋转"参数

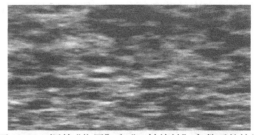

图 10-50　调整"位置"和"X 轴旋转"参数后的效果

7）此时按小键盘上的〈0〉键，预览动画，即可看到天空中飘动的白云效果，如图 10-51 所示。

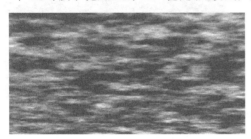
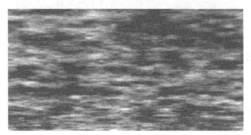

图 10-51　天空中飘动的白云效果

2. 制作飘动的白云下的别墅效果

1）将"项目（Project）"窗口中的"蓝天"合成图像拖动到 ▦（新建合成）按钮上，从而复制出一个合成图像，然后将复制后的合成图像重命名为"蓝天下的别墅"。

2）导入别墅素材。方法为：选择"文件（File）|导入（Import）|文件（File）"命令，在弹出的对话框中导入网盘中的"源文件\第 4 部分 高级技巧\第 10 章 抠像与跟踪\10.5 水中倒影效果\（素材）\背景.jpg"图片，单击"打开"按钮，将其导入到"项目"面板中。

3）将"项目（Project）"窗口中的"背景. jpg"图片拖入时间线，并放置到顶层，如图 10-52 所示，此时画面效果如图 10-53 所示。

图 10-52　将"背景. jpg"图片拖入时间线，并放置到顶层

图 10-53　画面效果

4）去除素材中的蓝色天空。方法为：选择"背景.jpg"图层，然后选择"效果（Effect）|抠像（Keying）|线性颜色键（Linear Color Key）"命令，然后在"效果控件（Effect Controls）"面板中单击 ⇥ 按钮，如图10-54所示，再在素材的蓝色位置处单击，即可去除天空中的蓝色部分，如图10-55所示。此时透过去除后的天空就可以看到底层飘动的白云，效果如图10-56所示。

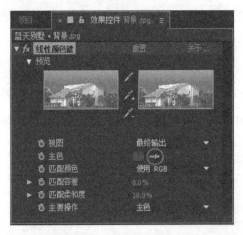

图10-54 将"背景.jpg"图片拖入时间线，并放置到顶层

图10-55 去除素材中的蓝色天空

图10-56 透过去除后的天空看到底层的白云效果

3. 制作"水波参考"合成图像

1）选择"合成（Composition）|新建合成（New Composition）"命令，在弹出的对话框中设置参数，如图10-57所示，单击"确定"按钮。

2）创建"黑色 纯色2"。方法为：选择"图层（Layer）|新建（New）|纯色（Solid）"命令，在弹出的"纯色设置（Solid Setting）"对话框中设置"名称"为"黑色 纯色2"，"宽度"为"5000像素"，"高度"为"2000像素"，如图10-58所示，单击"确定"按钮。

图 10-57 设置合成图像参数

图 10-58 设置固态层参数

3) 选择"黑色 纯色 2",执行菜单中"效果 (Effect) | 杂色和颗粒 (Noise&Grain) | 分形杂色 (Fractal Noise)"命令,然后在"效果控件 (Effect Controls)"面板中设置参数,并记录第 0 帧的关键帧参数,如图 10-59 所示,效果如图 10-60 所示。接着记录第 4 秒 24 帧的关键帧参数,如图 10-61 所示,效果如图 10-62 所示。此时"时间线"窗口中的关键帧分布如图 10-63 所示。

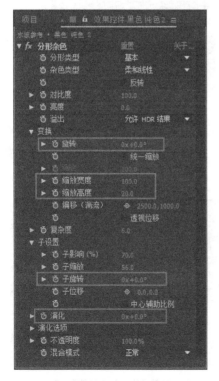

图 10-59 在第 0 帧设置关键帧参数

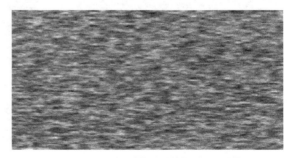

图 10-60 在第 0 帧设置关键帧参数后的效果

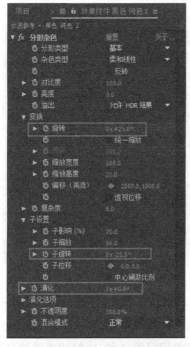

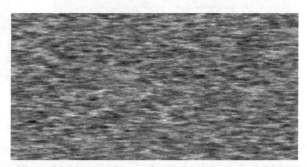

图 10-61　在第 4 秒 24 帧设置关键帧参数 　　　图 10-62　在第 4 秒 24 帧设置关键帧参数后的效果

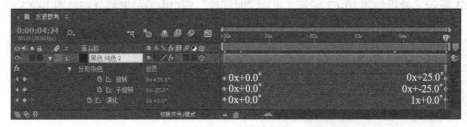

图 10-63　关键帧分布

4）在"时间线"窗口中打开"黑色 纯色 2"的三维显示开关，然后设置"位置"为（1000，690，-900），"缩放"为（100%，55%，100%），"X 轴旋转"为 0x-50.0°，如图 10-64 所示，效果如图 10-65 所示。

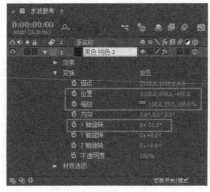

图 10-64　设置"位置""缩
放"和"X 轴旋转"参数

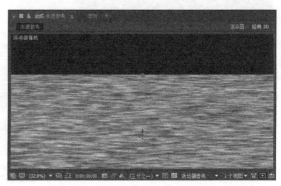

图 10-65　调整"位置""缩放"和
"X 轴旋转"参数后的效果

4.制作水中倒影

1) 选择"合成 (Composition) | 新建合成 (New Composition)"命令，在弹出的对话框中设置参数，如图 10-66 所示，单击"确定"按钮。

图 10-66　设置合成图像参数

2) 从"项目 (Project)"窗口中将"水波参考"和"蓝天下的别墅"拖入"水中倒影"合成图像中，如图 10-67 所示。然后将"蓝天下的别墅"适当上移，使其底部与"水波参考"相连接，如图 10-68 所示。

图 10-67　时间线分布　　　　　图 10-68　调整"水波参考"和"蓝天下的别墅"的位置关系

3) 选择"蓝天别墅倒影"图层，按快捷键〈Ctrl+D〉复制一个副本。然后将其重命名为"蓝天别墅倒影"，接着按快捷键〈S〉，显示出"缩放 (Scale)"属性，并将"缩放 (Scale)"设置为 (100%，−100%)，如图 10-69 所示，从而颠倒图像。最后将颠倒后的图像向下移动到合适的位置，如图 10-70 所示。

图 10-69　设置"缩放"属性　　　　　　　　　　图 10-70　颠倒图像后的效果

4) 制作倒影垂直方向上的模糊效果。方法为：选择"蓝天别墅倒影"图层，然后选择"效果（Effect）|模糊和锐化（Blur&Sharpen）|定向模糊（Directional Blur）"命令，然后在"效果控件（Effect Controls）"面板中设置参数如图 10-71 所示，效果如图 10-72 所示。

图 10-71　设置"定向模糊"参数　　　　　　　图 10-72　调整"定向模糊"参数后的效果

5) 制作水中倒影在水波中的扭曲效果。方法为：选择"蓝天别墅倒影"图层，然后选择"效果（Effect）|扭曲（Distort）|置换图（Displacement Map）"命令，然后在"效果控件（Effect Controls）"面板中设置参数如图 10-73 所示，效果如图 10-74 所示。

图 10-73 设置"置换图"参数   图 10-74 调整"置换图"参数后的效果

6）至此，动态的水中倒影效果制作完毕。下面按小键盘上的〈0〉键，预览动画，效果如图 10-75 所示。

图 10-75 动态的水中倒影效果

7）选择"文件（File）｜保存（Save）"命令，将文件进行保存。然后选择"文件（File）｜整理工程（文件）（Dependencies）｜收集文件（Collect Files）"命令，将文件进行打包。

10.6 课后练习

利用网盘中的"源文件\第 4 部分 高级技巧\第 10 章 抠像与跟踪\课后练习\练习\（素材）\素材 .mp4"和"海底世界 .mp4"视频文件（如图 10-76 所示），制作抠像效果，如图 10-77 所示。参数可参考网盘中的 "源文件\第 4 部分 高级技巧\第 10 章 抠像与跟踪\课后练习\练习 .aep"文件。

图 10-76 练习素材   图 10-77 练习的抠像效果

第11章　表达式

本章重点：

为图层添加表达式可以方便、准确地控制图层中的各种属性，使其效果更加完美。本章将通过3个实例来具体讲解表达式特效在实际制作中的具体应用。通过对本章的学习，读者应掌握表达式特效的使用方法。

11.1　指针转动

要点：

本例将利用"表达式"制作指针转动的效果，如图11-1所示。通过对本例的学习，读者应掌握"表达式"的应用。

图11-1　指针转动效果

操作步骤：

1）首先，在Photoshop中制作出"背景""时针""分针"图层。如图11-2所示为这些图层在Photoshop中的图层分布。

图11-2　图层分布

2）导入文件。方法为：启动 After Effects CC 2018，然后选择"文件 (File) | 导入 (Import) | 文件 (File)"命令，以"合成 - 保持图层大小 (Composition-Retain Layer Sizes)"方式导入网盘中的"源文件\第 4 部分 高级技巧\第 11 章 表达式\11.1 指针转动 \ (素材) \手表 Layers\ 手表 .psd"文件，如图 11-3 所示，单击"确定"按钮。此时，"项目 (Project)"窗口会显示文件夹和合成文件，如图 11-4 所示。

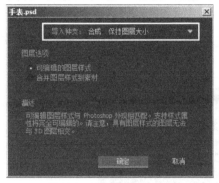

图 11-3　选择"导入"方式

图 11-4　"项目 (Project)"窗口

3）调整时针轴心点位置。方法为：双击"项目 (Project)"窗口中的"手表"合成图像，进入其编辑状态。然后选择"时针"图层，利用工具栏中的▦工具将轴心点移动到圆环的中心位置，如图 11-5 所示。

图 11-5　调整时针轴心点位置

4）制作时针旋转效果。方法为：选择"时针"图层，按〈R〉键打开"旋转 (Rotation)"选项进行设置。然后在第 0 秒和第 2 秒设置关键帧，如图 11-6 所示，从而制作出在两秒内时针顺时针旋转一周的效果。

图 11-6　设置时针旋转关键帧参数

5）同理，选择"分针"图层，然后利用工具栏中的 🔲 工具将轴心点移动到圆环中心位置，如图 11-7 所示。

图 11-7　设置分针轴心点位置

6）制作分针的旋转效果。方法为：选择"分针"图层，按〈R〉键打开"旋转（Rotation）"选项进行设置。然后选择"旋转（Rotation）"选项，再选择"动画（Animation）|添加表达式（Add Expression）"命令，在"旋转"选项上设置"表达式"。接着单击 ◎ 图标，并拖动到"时针"图层的"Rotation（旋转）"参数上，如图 11-8 所示，设置链接。

图 11-8　将"分针"图层的 ◎ 图标拖动到"时针"图层的"旋转"参数上

7）此时，表达式区域会显示"thisComp.layer（"时针"）.transform.rotation"，如图 11-9 所示。按小键盘上的〈0〉键预览动画，可以看到，两个图层保持当前相同的角度一起旋转。

图 11-9　链接后的效果

8) 一般来说，时针和分针是有差异的。时针旋转 1 圈，分针应该旋转 12 圈，那么需要对 Script 略做调节，只要让分针不是旋转 1 圈，而是旋转 12 圈就可以了。下面来修改表达式部分。"thisComp.layer（"时针"）.transform.rotation"是在分针上应用时间图层的旋转值的命令。那么，加上 12 以后，分针就会旋转 12 圈，而时针则旋转 1 圈。下面在"时间线"窗口中将"分针"的"旋转（Rotation）"表达式修改成"thisComp.layer（"时针"）.transform.rotation*12"，如图 11-10 所示。此时，分针的旋转明显加快了。

图 11-10　修改分针表达式

9) 在"预览 (Preview)"面板中单击▶（播放）按钮，预览动画。

10) 选择"文件(File)| 保存(Save)"命令，将文件进行保存。然后选择"文件(File)| 整理工程(文件)(Dependencies)　|收集文件 (Collect Files)"命令，将文件进行打包。

11.2　缺失中奖号码的数字抽奖

要点：

本例将制作缺失了8888这个中奖号码的数字抽奖效果，取整后的数字在0～9999之间不断变化的数字效果如图11-11所示。通过本例的学习，读者应掌握random()、math.ceil(value)和if()表达式的应用。

图 11-11　取整后的数字在 0~9999 之间不断变化的数字效果

操作步骤：

1）启动 After Effects CC 2018，选择"合成（Composition）|新建合成（New Composition）"命令，在弹出的"合成设置（Composition Settings）"对话框中设置参数，如图 11-12 所示，单击"确定"按钮，创建一个新的合成图像。

图 11-12　设置合成参数

2）选择"图层（Layer）|新建（New）|文本（Text）"命令，新建一个文本层。然后展开"空文本图层"参数，按〈Alt〉键，单击"源文本"前的按钮，从而显示出"源文本"的表达式，如图 11-13 所示。接着按〈Delete〉键删除原有表达式，再输入新的表达式：

random(0,9999);

提示：该表达式表示数值在 0 ～ 9999 之间随机变化。

图 11-13　单击"源文本"前的按钮，从而显示出"源文本"的表达式

3) 在"预览（Preview）"面板中单击▶（播放）按钮，预览动画，即可看到在 0~9999 之间不断变化的数字效果，如图 11-14 所示。

图11-14　在0~9999之间不断变化的数字效果

4) 此时的数字是带有小数点的，下面对数字进行取整处理。方法为：修改表达式为：

a=random(0,9999);
Math.ceil(a);

提示：该表达式中"a=random(0,9999);"表示将0~9999之间随机变化的数字赋予变量"a"；"Math.ceil(a);"表示对变量"a"进行取整。

5) 在"预览（Preview）"面板中单击▶（播放）按钮，预览动画，即可看到取整后的数字在 0~9999 之间不断变化的数字效果，如图 11-15 所示。

图 11-15　最终效果

6) 制作缺失了 8888 这个数字后的数值抽奖效果。方法为：修改表达式为：

a=random(0,9999);
b=Math.ceil(a);
if(b==8888){b-1}else{b}

提示：该表达式中"b=Math.ceil(a);"表示将变量"a"取整后的数值赋予变量"b"；"if(b==8888){b-1}else{b}"表示当变量"b"的数值为8888，数值减1，也就是变为8887，而其他情况下变量"b"的数值不变。

7) 至此，整个动画制作完毕。下面选择"文件（File）|保存（Save）"命令，将文件进行保存。然后选择"文件（File）|整理工程（文件）（Dependencies）　|收集文件（Collect Files）"命令，将文件进行打包。

11.3　模拟地震时的震动效果

要点：

本例将制作一个模拟地震时的震动效果，如图11-16所示。通过本例的学习，读者应掌握表达式与"滑块控制（Slider Control）"特效的应用。

图 11-16　模拟地震时的震动效果

操作步骤：

1. 制作视频画面自始至终的抖动效果

1）启动 After Effects CC 2018，然后选择"文件（File）|导入（Import）|文件（File）"命令，导入网盘中的"源文件\第 4 部分 高级技巧\第 11 章 表达式 \11.3 模拟地震时的震动效果 \（素材）\夜景 .mp4"视频素材。

2）创建与视频素材尺寸相同的合成图像。方法为：选择"项目（Project）"窗口中的"夜景 .mp4"，然后将其拖到▦（新建合成）按钮上。此时，After Effects CC 2018 会自动生成尺寸与素材相同的合成图像，此时界面如图 11-17 所示。

图 11-17　界面布局

3）制作整个视频画面自始至终的抖动效果。方法为：选择"夜景 .mp4"图层，按〈P〉键，展开"位置"属性。然后按〈Alt〉键，单击"位置（Position）"前的◎按钮，从而显示出"位置（Position）"的表达式，如图 11-18 所示。接着按〈Delete〉键删除原有表达式，再输入新的表达式：

wiggle(12,25);

提示：表达式中的"12"表示每秒抖动 12 次，"25"表示抖动的幅度。

4）此时表达式显示如图 11-19 所示。下面在"预览（Preview）"面板中单击▶（播放）按钮，预览动画，即可看到整个视频画面自始至终抖动的效果。

图 11-18　显示出"位置"表达式

图 11-19　输入新的"位置"表达式

2. 制作视频画面在第2~4秒之间的抖动效果

1）选择"夜景.mp4"图层，然后选择"效果（Effect）|表达式控制（Expression Controls）|滑块控制（Slider Control）"命令，给它添加一个"滑块控制（Slider Control）"特效。然后选择表达式中的"25"，按住 ◎ 图标，将其拖动到"滑块控制"特效的"滑块"参数上，设置链接，如图 11-20 所示。此时表达式显示为：

wiggle(12,effect(" 滑块控制 ")(" 滑块 "));

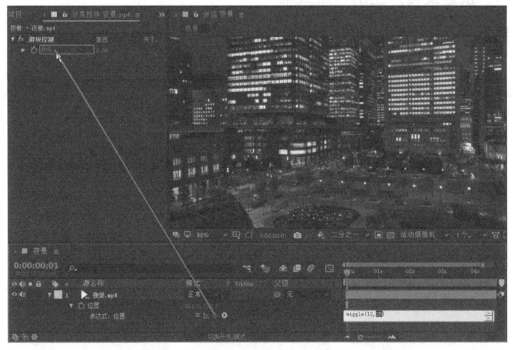

图 11-20　设置表达式中的"25"与"滑块"参数的链接

2) 将时间滑块移动到第 2 秒的位置,将"滑块"数值设置为 0,并记录关键帧,如图 11-21 所示。同理,将时间滑块移动到第 3 秒的位置,将"滑块"数值设置为 10。再将时间滑块移动到第 4 秒的位置,将"滑块"数值设置为 0,此时"时间线"窗口如图 11-22 所示。

图 11-21　将"滑块"数值设置为 0,并记录关键帧

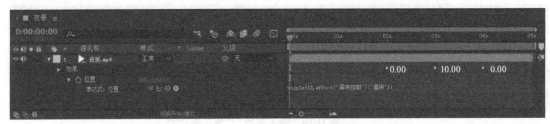

图 11-22　设置"滑块"关键帧参数

3) 在"预览(Preview)"面板中单击 ▶(播放)按钮,预览动画,可以看到在第 0~2 秒之间视频素材不抖动,而在第 2~4 秒之间视频素材进行震动,并且在第 3 秒抖动幅度最大。而到了第 4 秒之后,视频素材又停止抖动的效果。

4) 至此,整个动画制作完毕。下面选择"文件(File)|保存(Save)"命令,将文件进行保存。然后选择"文件(File)|整理工程(文件)(Dependencies)| 收集文件(Collect Files)"命令,将文件进行打包。

11.4　快速旋转产生的气流效果

要点:

本例将制作一个快速旋转产生的气流效果,如图 11-23 所示。通过本例的学习,读者应掌握 time 表达式,图层混合模式,"预合成(Pre-compose)""分形杂色(Fractal Noise)""偏移(Offset)""极坐标(Polar Coordinate)""高斯模糊(Gaussian Blur)"特效的应用。

图 11-23　快速旋转产生的气流效果

操作步骤：

1）启动 After Effects CC 2018，然后选择"文件（File）|导入（Import）|文件（File）"命令，导入网盘中的"源文件\第4部分 高级技巧\第11章 表达式\11.4 快速旋转产生的气流效果 \（素材）\素材 .mp4"视频素材。

2）创建与视频素材尺寸相同的合成图像。方法为：选择"项目（Project）"窗口中的"素材 .mp4"，然后将其拖到 （新建合成）按钮上。此时，After Effects CC 2018 会自动生成尺寸与素材相同的合成图像。接着将合成图像重命名为"快速旋转动画"。

3）新建一个名称为"分形杂色"，大小与合成图像等大的纯色层。然后选择"效果（Effect）|杂色和颗粒（Noise&Grain）|分形杂色（Fractal Noise）"命令，给它添加一个"分形杂色（Fractal Noise）"特效，效果如图 11-24 所示。接着在"效果控件（Effect Controls）"面板下"分形杂色（Fractal Noise）"特效中设置参数，如图 11-25 所示，效果如图 11-26 所示。

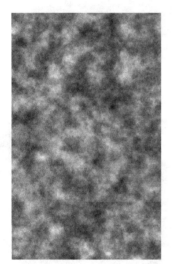

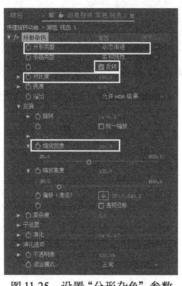

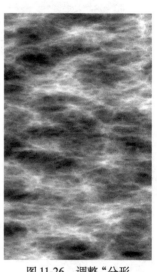

图 11-24　默认"分形杂色"效果　　　图 11-25　设置"分形杂色"参数　　　图 11-26　调整"分形杂色"参数后的效果

4）制作分形杂色的动画。方法为：按住按〈Alt〉键，在"分形杂色（Fractal Noise）"特效中单击"演化（Evolution）"前的 按钮，从而显示出"演化（Evolution）"的表达式，如图 11-27 所示。接着按〈Delete〉键删除原有表达式，再输入新的表达式：

time*250；

提示：表示每隔 250 帧取一帧。

此时预览动画就可以看到杂色动画效果，如图 11-28 所示。

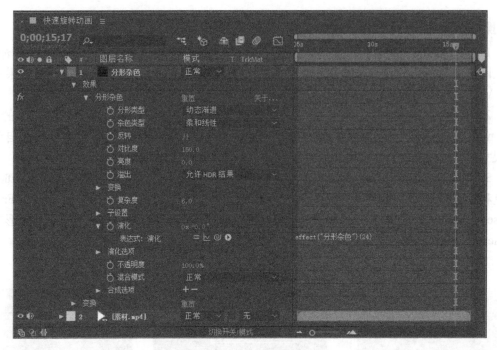

图 11-27   默认"分形杂色"效果

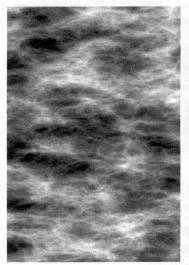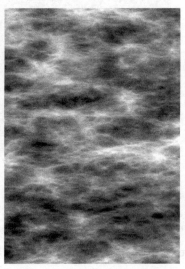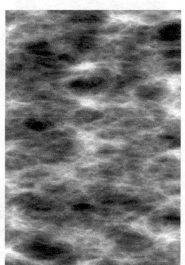

图 11-28   分形杂色的动画效果

5) 制作分形杂色的位移动画。方法为：分别在"分形杂色（Fractal Noise）"特效第 0 帧和第 16 秒设置"偏移（湍流）（Turbulence）"关键帧参数，如图 11-29 所示。此时预览动画就可以分形杂色画面看到从左往右运动的效果。

图 11-29 第 0 帧和第 16 秒设置"偏移（湍流）（Turbulence）"关键帧参数

6）选择"分形杂色"图层，按〈Ctrl+Shit+C〉键，然后在弹出的对话框中设置如图 11-30 所示，单击"确定"按钮，从而生成一个预合成，此时"时间线"窗口如图 11-31 所示。

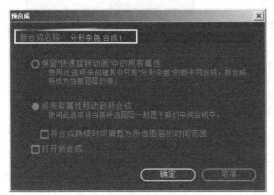

图 11-30 设置预合成参数

图 11-31 时间线分布

7）选择"分形杂色 合成 1"图层，按〈Ctrl+Shift+C〉键，然后在弹出的对话框中设置如图 11-32 所示，单击"确定"按钮，从而生成另一个预合成，并进入"无缝分形杂色"合成窗口，如图 11-33 所示。

图 11-32 设置预合成参数

图 11-33 时间线分布

8）按快捷键〈Ctrl+D〉键，复制出一个"分形杂色 合成 1"图层，然后分别将两个图层重命名为"左右"和"中间"，如图 11-34 所示。接着选择上方的"左右"图层，再选择"效果（Effect）|扭曲（Distort）|偏移（Offset）"命令，给它添加一个"偏移（Offset）"特效。最后在"效果控件（Effect Controls）"面板下"偏移（Offset）"特效中设置参数如图 11-35 所示，效果如图 11-36 所示。

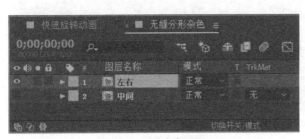

图11-34　重命名图层

图11-35　设置"偏移(Offset)"特效的参数

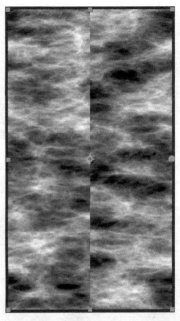

图11-36　调整"偏移(Offset)"特效参数后的效果

9）将"中间"图层移动到"左右"图层上方，然后利用工具箱中的■（矩形工具）在"中间"图层的中间区域绘制一个矩形，如图11-37所示。接着按〈F〉键，显示出"蒙版羽化(Mask Feather)"参数，再将数值设置为150像素，如图11-38所示，此时无缝分形杂色就制作完成了，效果如图11-39所示。

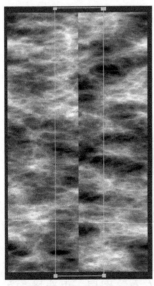

图11-37　在"中间"图层的中间区域绘制一个矩形

图11-38　设置"蒙版羽化(Mask Feather)"参数

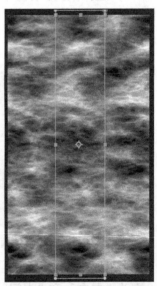

图11-39　调整"蒙版羽化(Mask Feather)"参数后的效果

提示：为了便于观看"中间"图层的效果，可以暂时关闭"左右"图层的显示，效果如图11-40所示。然后再恢复"左右"图层的显示。

10) 回到"快速旋转动画"合成，然后选择"无缝分形杂色"图层，如图 11-41 所示，再选择"效果 (Effect) | 扭曲 (Distort) | 极坐标 (Polar Coordinate)"命令，给它添加一个"极坐标 (Polar Coordinate)"特效。接着在"效果控件 (Effect Controls)"面板下"极坐标 (Polar Coordinate)"特效中设置参数如图 11-42 所示，效果如图 11-43 所示。

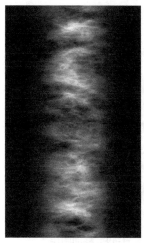

图 11-40 "中间"图层的效果

图 11-41 选择"无缝分形杂色"图层

图 11-42 设置"极坐标 (Polar Coordinate)"特效的参数

图 11-43 调整"极坐标 (Polar Coordinate)"特效参数后的效果

11) 选择"无缝分形杂色"图层，然后选择"效果 (Effect) | 生成 (Generate) | 圆形 (Circle)"命令，给它添加一个"圆形 (Circle)"特效，效果如图 11-44 所示。接着在"效果控件 (Effect Controls)"面板下"圆形 (Circle)"特效中设置参数如图 11-45 所示，效果如图 11-46 所示。

图 11-44 默认"圆形 (Circle)"特效效果

图 11-45 设置"圆形 (Circle)"特效的参数

图 11-46 调整"圆形 (Circle)"特效参数后的效果

12）在"效果控件（Effect Controls）"面板中选择"圆形（Circle）"特效，按〈Ctrl+D〉键，复制出一个"圆形（Circle）"特效，然后设置参数如图11-47所示，效果如图11-48所示。接着移动"无缝分形杂色"图层的位置，使之中心位于人手位置，如图11-49所示。

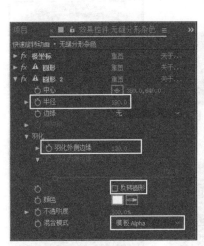

图11-47 设置"圆形
（Circle）"特效的参数　　图11-48 调整"圆形（Circle）"
特效参数后的效果　　图11-49 移动图层
位置后的效果

13）为了使"无缝分形杂色"与背景更好地融合，下面将"无缝分形杂色"图层的图层混合模式设置为"屏幕（Screen）"，如图11-50所示，效果如图11-51所示。

图11-50 将"无缝分形杂色"图层的图
层混合模式设置为"屏幕（Screen）"　　图11-51 将"无缝分形杂色"图层的图层混
合模式设置为"屏幕（Screen）"后的效果

14）选择"无缝分形杂色"图层，按〈T〉键，显示出"透明度（Opacity）"参数，然后将数值设置为 80%，如图 11-52 所示，效果如图 11-53 所示。

图 11-52　将"透明度（Opacity）"数值设置为 80%

图 11-53　将"透明度（Opacity）"数值设置为 80% 后的效果

15）选择"无缝分形杂色"图层，然后选择"效果（Effect）|模糊和锐化（Blur&Sharpen）|高斯模糊（Gaussian Blur）"命令，给它添加一个"高斯模糊（Gaussian Blur）"特效。接着在"效果控件（Effect Controls）"面板下"高斯模糊（Gaussian Blur）"特效中设置参数如图 11-54 所示，效果如图 11-55 所示。

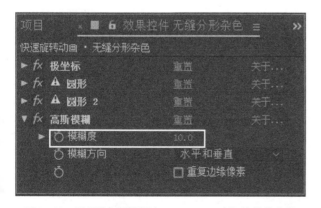

图 11-54　设置"高斯模糊（Gaussian Blur）"特效的参数

图 11-55　调整"高斯模糊（Gaussian Blur）"特效参数后的效果

16）至此，整个动画制作完毕。下面选择"文件（File）| 保存（Save）"命令，将文件进行保存。然后选择"文件（File）| 整理工程（文件）（Dependencies）| 收集文件（Collect Files）"命令，将文件进行打包。

11.5　课后练习

制作钟表指针转动的效果，如图 11-56 所示。参数可参考网盘中的"源文件\第 4 部分 高级技巧\第 11 章 表达式\课后练习\练习\练习 .aep"文件。

图 11-56　练习效果

第5部分 综合实例

■第12章 影视广告片头和特效制作

第12章　影视广告片头和特效制作

本章重点：

通过前面的学习，读者已经掌握了After Effects CC 2018 的相关知识。本章将综合运用前面各章的知识来制作 4 个影视广告片头动画。通过对本章的学习，读者应掌握利用 After Effects CC 2018 制作常见影视广告片头的方法。

12.1　飞龙在天效果

要点：

本例将利用After Effects CC 2018自身的特效，制作月光下天空中的飞龙在天效果，如图12-1所示。通过对本例的学习，读者应掌握延长动画长度、"蒙版（Mask)"功能、图层的"预合成（Pre-compose)"功能、运动路径的调节，以及"粒子运动场（Particle Playground)""分形杂色（Fractal Noise)"和"发光（Glow)"特效的综合应用。

图 12-1　飞龙在天的效果

操作步骤：

1. 制作从右往左飞动的飞龙群效果

1) 启动 After Effects CC 2018，选择"合成(Composition) | 新建合成(New Composition)"命令，在弹出的对话框中设置参数，如图 12-2 所示，单击"确定"按钮。

2) 导入背景素材。方法为：选择"文件(File) | 导入(Import) | 文件(File)"命令，在弹出的对话框中选择网盘中的"源文件\ 第 5 部分 综合实例\第 12 章 影视广告片头和特效制作\12.1 飞龙在天效果\（素材）\dargon1\dargon0000.tga"图片，然后选中"Targa 序列"复选框，如图 12-3 所示，单击"导入"按钮。接着在弹出的对话框中单击 清则 （Guess) 按钮，如图 12-4 所示，单击"确定"按钮，将其导入到"项目（Project)"面板中，此时"项目（Project)"面板如图 12-5 所示。

3) 创建后面代替飞龙的粒子系统。方法为：选择"图层(Layer) | 新建(New) | 纯色（Solid)"命令，然后在弹出的对话框中单击 制作合成大小 （Make Comp size) 按钮，再单击"确定"按钮，从而创建一个与"飞龙在天"合成图像等大的纯色层。接着选择新建的"黑色 纯色 1"图层，选择"效果（Effect） | 模拟（Simulation) | 粒子运动场（Particle Playground)"命令，此时预览

动画效果，可以在画面中看到从下往上喷射的红色粒子效果，如图 12-6 所示。

4）从"项目（Project）"面板中将"dargon[0000-0060].tga"文件拖入"时间线"窗口，放置到最底层，如图 12-7 所示。

图 12-2　设置合成图像参数

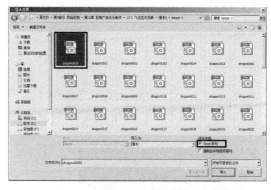

图 12-3　创建"logo 的出现层"

图 12-4　单击　猜则　按钮

图 12-5　"项目（Project）"面板

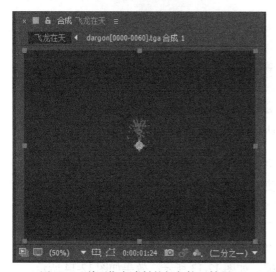

图 12-6　从下往上喷射的红色粒子效果

图 12-7　将"dargon[0000-0060].tga"文件拖入"时间线"窗口

5) 此时预览动画，会发现飞龙扇动翅膀的时间很短，下面延长飞龙扇动翅膀的时间。方法为：在"项目 (Project)"面板中，右击"dargon[0000-0060].tga"，然后在弹出的快捷菜单中选择"解释素材 (Interpret Footage) | 主要 (Main)"命令，如图 12-8 所示，接着在弹出的"解释素材"对话框中设置"其他选项 (Other Options)"选项组中的"循环 (Loop)"参数为"5"，如图 12-9 所示。单击"确定"按钮。最后在"时间线"窗口中将"dargon[0000-0060].tga"图层的长度延长到与"黑色 纯色 1"图层的等长，如图 12-10 所示。

图 12-8 选择"主要 (Main)"命令

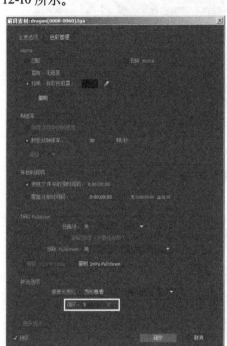

图 12-9 设置"循环 (Loop)"参数为"5"

图 12-10 将"dargon[0000-0060].tga"图层的长度延长到与"黑色 纯色 1"图层的等长

6) 将粒子替换为飞龙。方法为：选择"黑色 纯色 1"图层，然后在"效果控件 (Effect Controls)"面板中设置"图层映射(Layer Map)"下的"使用图层(Use Layer)"为"2.dargon[0000-0060].tga"，如图 12-11 所示，此时粒子就替换为了飞龙，效果如图 12-12 所示。

7) 现在飞龙的数量过多，而且密度过大，下面就来解决这个问题。方法为：在"效果控件 (Effect Controls)"中将"发射 (Cannon)"下的"圆筒半径 (Barrel Radius)"增大到"245.0"，将"每秒粒子数 (Particle Per Second)"减小为"2.00"，如图 12-13 所示，效果如图 12-14 所示。

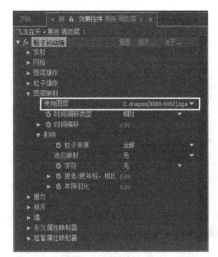

图 12-11　将"使用图层 (Use Layer)"设置为
"2.dargon[0000-0060].tga"

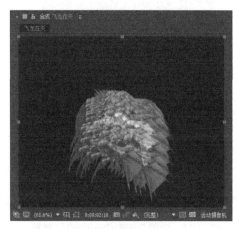

图 12-12　粒子替换为飞龙的效果

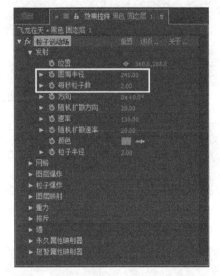

图 12-13　设置"圆筒半径（Barrel Radius）"和
"每秒粒子数 (Particle Per Second)"参数

图 12-14　调整"圆筒半径（Barrel Radius）"和"每
秒 粒子数 (Particle Per Second)"参数后的效果

8）设置飞龙的初始位置。方法为：在"效果控件（Effect Controls）"面板中将"发射
（Cannon）"下的"位置（Position）"设置为（740.0,288.0），如图 12-15 所示，使飞龙的初
始位置位于画面的左侧，如图 12-16 所示。

提示：为了便于观看，此时可暂时隐藏"dargon[0000-0060].tga"图层。

9）设置飞龙从右往左飞的效果。方法为：在"效果控件（Effect Controls）"面板中将"发
射（Cannon）"下的"方向（Direction）"设置为"0x-90.0°"，如图 12-17 所示，此时预览动
画，会发现飞龙是往右下方飞的，而不是往右飞，如图 12-18 所示。这是因为重力过大的原因。
下面在"效果控件（Effect Controls）"面板中将"重力（Gravity）"下的"力（Force）"减小
为"25.00"，如图 12-19 所示，此时预览动画即可看到飞龙从右往左飞的效果，如图 12-20 所示。

图 12-15　设置"位置（Position）"参数

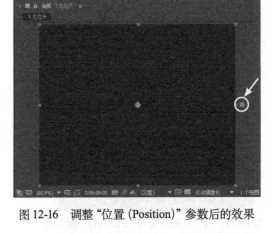

图 12-16　调整"位置（Position）"参数后的效果

图 12-17　将"方向（Direction）"设置为"0x-90.0°"

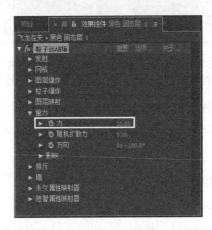

图 12-18　将"方向（Direction）"设置为"0x-90.0°"后的效果

图 12-19　将"力（Force）"减小为"25.00"

图 12-20　将"力（Force）"减小为"25.00"后的效果

　　10）此时所有飞龙扇动翅膀的动作是一致的，很不真实，下面就来解决这个问题。方法为：将"图层映射（Layer Map）"下的"时间偏移类型（Time Offset Type）"设置为"相对（Relative

Random）"，"时间偏移（Random Time Max）"设置为"3.00"，如图 12-21 所示，效果如图 12-22 所示。

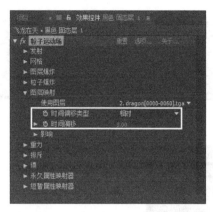

图 12-21　设置"时间偏移类型（Time Offset Type）"　　图 12-22　调整"时间偏移类型（Time Offset Type）"
和"时间偏移（Random Time Max）"参数　　　　　　和"时间偏移（Random Time Max）"参数后的效果

11）此时飞龙的尺寸过大，下面适当缩小飞龙的尺寸。方法为：显示出"dargon[0000-0060].tga"图层，然后按键盘上的〈S〉键，显示出"缩放（Scale）"属性。接着将"缩放（Scale）"缩小为"65%"，如图 12-23 所示，效果如图 12-24 所示。

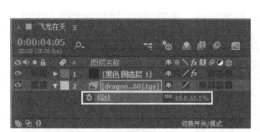

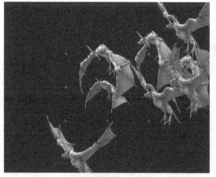

图 12-23　将飞龙"缩放（Scale）"缩小为"65%"　　图 12-24　将飞龙"缩放（Scale）"缩小
为"65%"后的效果

12）此时只有一只飞龙的尺寸变小了，而其余飞龙没有受到影响，这是因为没有对缩放后的效果进行合并，下面就来解决这个问题。方法为：选择"dargon[0000-0060].tga"图层，然后选择"图层（Layer）|预合成（Pre-compose）"命令，在弹出的"预合成（Pre-compose）"对话框中设置相关参数，如图 12-25 所示。单击"确定"按钮，此时"时间线"窗口如图 12-26 所示，效果如图 12-27 所示。

提示：此时通过调节"粒子运动场（Particle Playground）"特效下的"发射（Cannon）"中的"圆筒半径（Barrel Radius）"，是无法缩小飞龙群的尺寸的。这是因为我们使用了映射图层。此时飞龙群的尺寸是由映射图层（也就是"dargon[0000-0060].tga"图层）的尺寸来决定的。

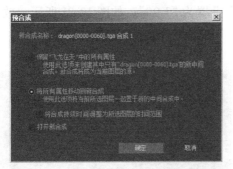

图 12-25　设置"预合成（Pre-compose）"参数

图 12-26　时间线分布

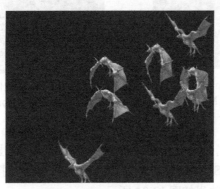

图 12-27　飞龙群整体缩放后的效果

13）下面隐藏"dargon[0000-0060].tga"图层，然后按键盘上的空格键预览动画，效果如图 12-28 所示。

图 12-28　预览动画效果

2. 制作夜空背景效果

1）新建"背景"图层。方法为：选择"图层（Layer）|新建（New）|纯色（Solid）"命令，在弹出的对话框中设置"名称"为"背景"，单击 制作合成大小 （Make Comp size）按钮，再单击"确定"按钮，从而新建一个与"飞龙在天"合成图像等大的纯色。

2）将"背景"图层置于"时间线"窗口的最底层，然后选择"效果（Effect）|杂色和颗粒（Noise&Grain）|分形杂色（Fractal Noise）"命令，在"效果控件（Effect Controls）"面板中将"复杂度（Complexity）"设置为"6.0"，如图 12-29 所示，效果如图 12-30 所示。

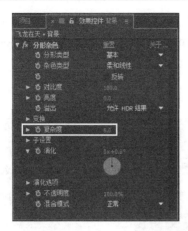

图 12-29 设置"分形杂色 (Fractal Noise)"参数

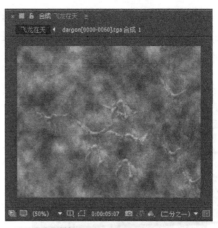

图 12-30 调整"分形杂色 (Fractal Noise)"参数后的效果

3) 制作出月亮轮廓。方法为：选择"背景"图层，然后利用工具栏中的 （椭圆工具），配合〈Ctrl+Shift〉键，绘制一个以单击点为中心的正圆形遮罩，如图 12-31 所示。接着按〈M〉键，展开"Mask 1"属性，然后设置"蒙版羽化 (Mask Feather)"值为"10.0"像素，如图 12-32 所示，效果如图 12-33 所示。

图 12-31 绘制正圆形遮罩

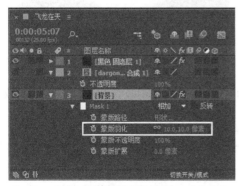

图 12-32 设置"蒙版羽化 (Mask Feather)"值为"10.0"像素

图 12-33 调整"蒙版羽化 (Mask Feather)"参数后的效果

4）制作出月亮的发光效果。方法为：选择"背景"图层，然后选择"效果（Effect）|风格化（Stylize）|发光（Glow）"命令，在"效果控件（Effect Controls）"面板中设置参数，如图12-34所示，效果如图12-35所示。

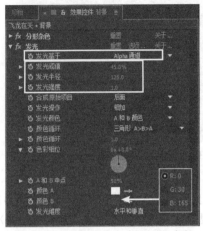

图12-34　设置"发光（Glow）"参数

图12-35　调整"发光（Glow）"参数后的效果

3. 制作最终效果

此时预览动画会发现飞龙大小一致，而且是从一个点飞出的，很不真实。真实情况应该是飞龙大小有区别，而且飞出的位置有远有近。同时飞行速度为近处快、远处慢，透明度为近处清晰、远处半透明的效果。下面就来制作这些效果。

1）制作近处的飞龙。方法为：从"项目（Project）"面板中将"dargon[0000-0060].tga"拖入"时间线"窗口，放置到"黑色　纯色1"图层的下方，然后按〈S〉键，显示出其"缩放（Scale）"属性，再将其"缩放（Scale）"调整为"85%"，如图12-36所示，效果如图12-37所示。

图12-36　将"缩放（Scale）"调整为"85%"

图12-37　将"缩放（Scale）"调整为"85%"后的效果

2）为了便于区分，下面将"dargon[0000-0060].tga"图层重命名为"近处飞龙"。

3）调整近处飞龙的位置动画。方法为：选择"dargon[0000-0060].tga"图层，然后按〈P〉键，显示出其"位置（Position）"属性。接着在第0帧设置其"位置（Position）"为（790.0,300.0），再在第4秒设置其"位置（Position）"为（−100.0,280.0）。最后通过调节控制柄，改变其飞行路径的形状，效果如图12-38所示。此时"时间线"窗口的关键帧分布如图12-39所示。

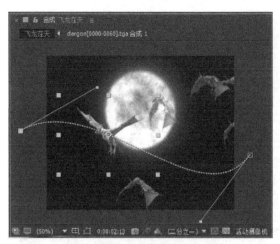

图 12-38 设置飞龙的飞行路径

图 12-39 "时间线"窗口的关键帧分布

4）制作远处的飞龙。方法为：选择"近处飞龙"图层，然后按快捷键〈Ctrl+D〉，复制出一个副本，再将其重命名为"远处飞龙"。接着将其放置到"背景"图层的上方。再按〈S〉键，显示出其"缩放（Scale）"属性，最后将"缩放（Scale）"调整为"45%"，如图 12-40 所示。

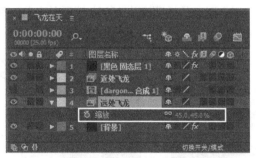

图 12-40 将"缩放（Scale）"调整为"45%"

5）调整远处飞龙的位置动画。方法为：选择"远处飞龙"图层，整体向上移动，然后通过调节控制柄，改变其飞行路径的形状，效果如图 12-41 所示。接着将第 4 秒的关键帧移动到第 6 秒，此时"时间线"窗口的关键帧分布如图 12-42 所示。

提示：将"近处飞龙"的位置动画设置为4秒、"远处飞龙"的位置动画设置为6秒，从而制作出近处飞行速度快、远处飞行速度慢的效果。

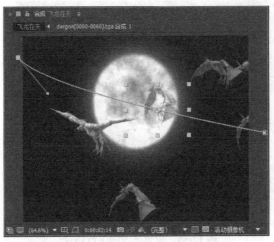

图 12-41　改变飞龙的飞行路径的形状

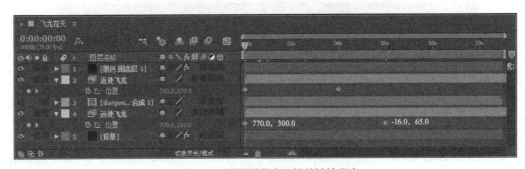

图 12-42　"时间线"窗口的关键帧分布

6) 制作出飞龙透明度的变化。方法为: 同时选择"黑色 固态层 1""近处飞龙"和"远处飞龙"图层, 然后按〈T〉键, 显示出它们的"不透明度 (Opacity)"属性。接着分别设置"黑色 纯色 1"图层的透明度为"65%", "近处飞龙"图层的透明度为 100%, "远处飞龙"图层的透明度为 55%, 如图 12-43 所示, 效果如图 12-44 所示。

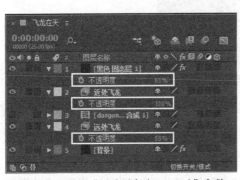

图 12-43　设置"不透明度 (Opacity)"参数

图 12-44　调整"不透明度 (Opacity)"参数后的效果

7）至此，飞龙在天效果制作完毕。下面按键盘上的空格键，预览动画，效果如图 12-45 所示。

图 12-45　最终效果

8）选择"文件 (File) | 保存 (Save)"命令，将文件进行保存。然后选择"文件 (File) | 整理工程（文件）(Dependencies) | 收集文件 (Collect Files)"命令，将文件进行打包。

12.2　闪电logo的显现效果

要点：

本例将制作一个闪电logo的显现效果，如图12-46所示。通过本例的学习，读者应掌握关键帧动画、图层混合模式、"湍流置换 (Turbulent Displace)"特效、"发光 (Glow)"特效、"填充 (Fill)"特效，以及外部插件Saber特效和Particular特效的应用。

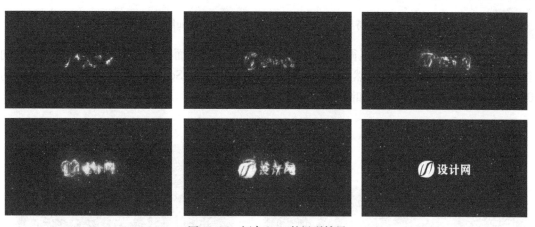

图 12-46　闪电 logo 的显现效果

操作步骤：

1. 制作闪电光效

1）启动 After Effects CC 2018，选择"合成 (Composition) | 新建合成 (New Composition)"命令，在弹出的"合成设置 (Composition Settings)"对话框中设置参数，如

图 12-47 所示,单击"确定"按钮,创建一个新的合成图像。

图 12-47　设置合成参数

2)导入素材。方法为:选择"文件(File)|导入(Import)|文件(File)"命令,导入网盘中的"源文件\第 5 部分 综合实例\第 12 章　影视广告片头和特效制作\12.2　闪电 logo 的显现效果\(素材)\logo.png"素材。

3)将"项目(Project)"窗口中的"logo.png"拖入"时间线"窗口,然后按〈Ctrl+D〉键复制出一个副本,如图 12-48 所示。

提示:上方logo.png图层用来保持原有的logo效果,而下方的logo.png图层后面要制作Saber光效。

4)此时画面中 logo 标志显得过小,如图 12-49 所示。下面将标志放大一倍。方法为:同时选择两个"logo.png"图层,然后按〈S〉键,显示出"缩放(Scale)"参数,再将数值设置为200%,如图 12-50 所示,效果如图 12-51 所示。

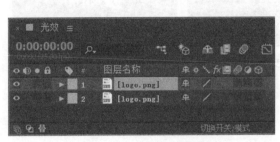

图 12-48　复制出一个副本

图 12-49　画面中 logo 的显现效果

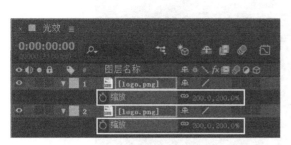

图 12-50　将"缩放（Scale）"数值设置为 200%

图 12-51　将"缩放（Scale）"数
值设置为 200% 的效果

5）选择下方要制作光效的"logo.png"图层，选择"图层（Layer）|自动追踪（Auto trace）"
命令，然后在弹出的图 12-52 所示的对话框中保持默认参数，单击"确定"按钮，此时下方
的"logo.png"图层会产生一系列蒙版，如图 12-53 所示。

提示：此时利用"自动追踪（Auto trace）"命令产生一系列蒙版，是为了后面在Saber特效中使用图层
蒙版。

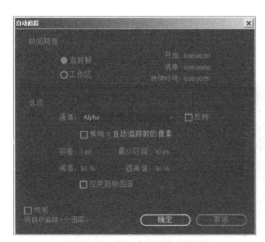

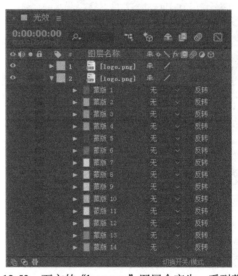

图 12-52　"自动追踪"对话框

图 12-53　下方的"logo.png"图层会产生一系列蒙版

6）选择"效果|Video Copilot|Saber"命令，给下方 logo.png 图层添加一个 Saber 特效，效
果如图 12-54 所示。然后在"效果控件（Effect Controls）"面板下"Saber"特效中将"预设（Preset）"
设置为"Arc Reactor"，将"自定义核心（Custom Core）"下的"核心类型（Core Type）"设置为"图
层遮罩（Layer Masks）"，如图 12-55 所示，效果如图 12-56 所示。

图 12-54　默认 Saber 特效效果

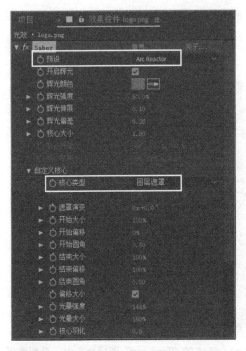

图 12-55　设置"预设"和"核心类型"参数

图 12-56　调整"预设"和"核心类型"参数后的效果

7) 此时闪电效果区域过大,下面将"核心大小(Core Size)"的数值设置为 1,将"辉光强度(Core Intensity)"设置为 10%,如图 12-57 所示。此时为了便于观看,可暂时隐藏上方的"logo.png"图层,效果如图 12-58 所示。

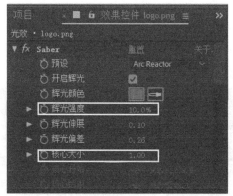

图 12-57　设置"核心大小"和"辉光强度"参数　　图 12-58　调整"核心大小"和"辉光强度"参数后的效果

8）此时闪电效果有些强烈，下面将"结束大小（End Size）"设置为 0%，"结束偏移（End Offset）"设置为 20%，如图 12-59 所示，效果如图 12-60 所示。

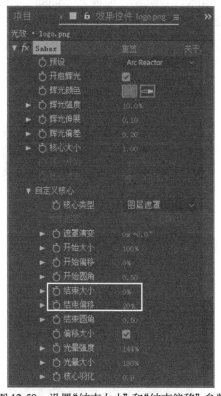

图 12-59　设置"结束大小"和"结束偏移"参数　　图 12-60　调整"结束大小"和"结束偏移"参数后的效果

9）制作闪电顺时针旋转两周的效果。方法为：在第 0 帧记录"遮罩演变（Mask Evolution）"的关键帧，并将数值设置为 0x+0.0，然后在第 3 秒将"遮罩演变（Mask Evolution）"的数值设置为 2x+0.0，如图 12-61 所示。此时预览动画就可以看到闪电光芒顺时针旋转两周的效果，如图 12-62 所示。

图 12-61　设置"遮罩演变"的关键帧参数　　　图 12-62　调整"遮罩演变"的关键帧参数后的效果

10）将下方的"logo.png"图层重命名为"蓝色光效"，然后按〈Ctrl+D〉键复制出一个副本，并将其重命名为"橙色光效"，如图 12-63 所示。

11）选择"橙色光效"图层，然后在"效果控件（Effect Controls）"面板下"Saber"特效中将"辉光颜色（Glow Color）"设置为一种橙黄色（RGB（255，120，0）），如图 12-64 所示。接着在"时间线"窗口下方单击 切换开关/模式 按钮，切换模式，再将该图层的混合模式设置为"相加（Add）"，如图 12-65 所示，效果如图 12-66 所示。

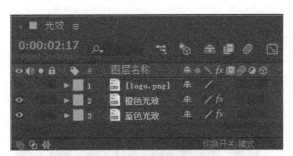

图 12-63　重命名图层

图 12-64　将"橙色光效"图层的
"辉光颜色"设置为一种橙黄色

图 12-65　将"橙色光效"图层的混合模式设置为"相加"

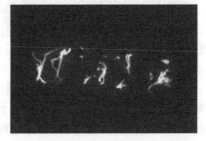

图 12-66　改变"橙色光效"图
层"辉光颜色"后的效果

12）此时看不到橙色光效，是因为蓝色和橙色光效完全重合的原因，下面调整参数使两种光效不完全重合。方法为：选择"橙色光效"图层，在"Saber"特效中将第 0 帧"遮罩演变（Mask Evolution）"的数值设置为 0x+-200.0，将第 3 秒"遮罩演变（Mask Evolution）"的数值设置为 -2x+-200.0，然后再将"结束偏移（End Offset)"设置为 15%。此时预览动画就可以看到橙色和蓝色光效相互交错的动画效果，如图 12-67 所示。

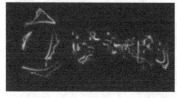

图 12-67　橙色和蓝色光效相互交错的动画效果

13）制作蓝色光效淡入淡出效果。方法为：首先为了便于观看效果，隐藏"橙色光效"图层，然后选择"蓝色光效"图层，分别在第 0 帧、第 1 秒、第 2 秒和第 2 秒 12 帧记录"结束偏移（End Offset）"的关键帧，设置数值如图 12-68 所示。此时预览动画就可以看到蓝色光效淡入淡出的效果，如图 12-69 所示。

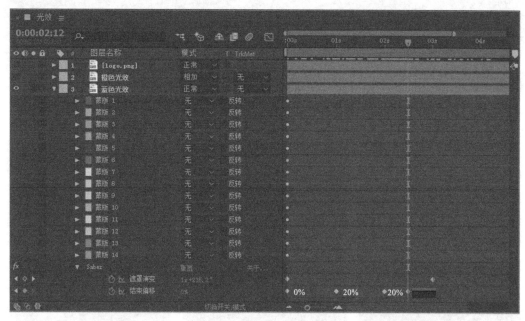

图 12-68　设置"蓝色光效"图层的"结束偏移（End Offset)"的关键帧

图 12-69　蓝色光效淡入淡出的效果

14）制作橙色光效淡入淡出效果。方法为：恢复"橙色光效"图层的显示，然后选择"橙色光效"图层，分别在第 12 帧、第 1 秒 12 帧和第 2 秒 12 帧记录"结束偏移（End Offset）"的关键帧，设置数值如图 12-70 所示。此时预览动画就可以看到先是蓝色光效逐渐出现，再是橙色光效逐渐出现，接着是橙色光效逐渐消失，最后是蓝色光效逐渐消失的效果，如图 12-71 所示。

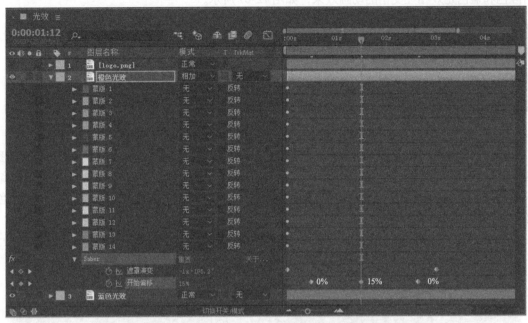

图 12-70　设置"橙色光效"图层的"结束偏移（End Offset）"的关键帧

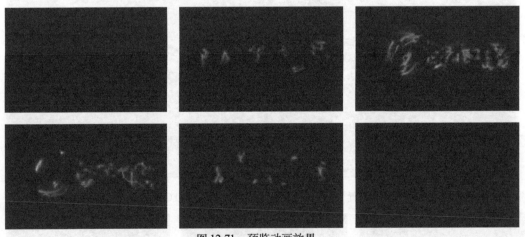

图 12-71　预览动画效果

15）制作青色火焰效果。方法为：选择"橙色光效"图层，按〈Ctrl+D〉键复制出一个副本，并将其重命名为"青色火焰"。然后按〈U〉键显示出所有关键帧，再将 Saber 特效的所有关键帧进行删除。接着在"效果控件（Effect Controls）"面板下"Saber"特效单击"重置"按钮，重置 Saber 参数。再重新设置参数如图 12-72 所示，效果如图 12-73 所示。

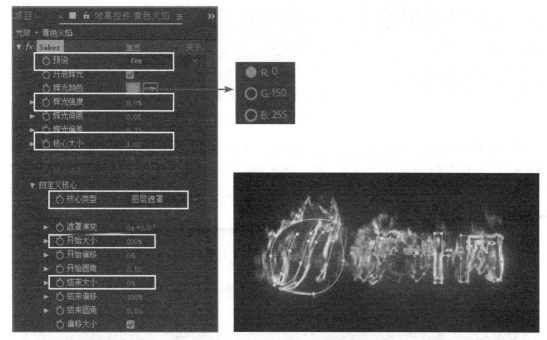

图 12-72　设置青色火焰的 Saber 特效参数　　　图 12-73　调整青色火焰的 Saber 特效参数后的效果

16）制作青色火焰在橙色光效消失后淡入淡出的效果。方法为：选择"青色火焰"图层，分别在第 2 秒 12 帧、第 3 秒和第 4 秒记录"结束偏移（End Offset）"的关键帧，设置数值如图 12-74 所示。此时预览动画就可以看到在第 2 秒 12 帧到第 4 秒之间青色火焰的淡入淡出效果，如图 12-75 所示。

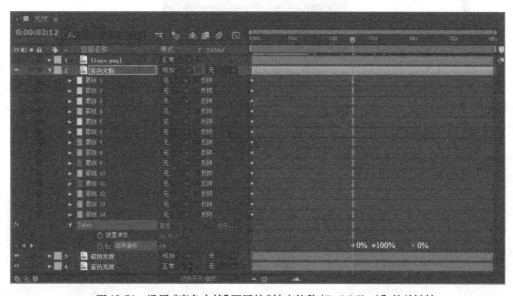

图 12-74　设置"青色火焰"图层的"结束偏移（End Offset）"的关键帧

图 12-75　在第 2 秒 12 帧到第 4 秒之间青色火焰的淡入淡出效果

17）制作 logo.png 图层的显现效果。方法为：恢复"logo.png"图层的显示，然后按〈T〉键显示出"不透明度（Opacity）"参数，然后分别在第 3 秒和第 4 秒设置"不透明度（Opacity）"的关键帧参数，如图 12-76 所示。此时预览动画就可以看到在第 3 秒到第 4 秒之间 logo 逐渐显现的效果，如图 12-77 所示。

图 12-76　设置 logo 的不透明度参数

图 12-77　logo 的显现效果

18）制作文字的扭曲效果。选择"logo.png"图层，然后选择"效果（Effect）|扭曲（Distort）|湍流置换（Turbulent Displace）"命令，给它添加一个"湍流置换（Turbulent Displace）"特效，然后在"特效控件（Effect Controls）"面板下"湍流置换（Turbulent Displace）"特效中设置参数如图 12-78 所示，效果如图 12-79 所示。

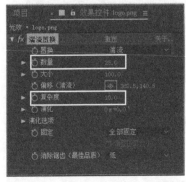

图 12-78　设置"湍流置换"特效参数

图 12-79　文字的扭曲效果

19）制作文字由扭曲到恢复正常显示的动画效果。方法为：分别在第 3 秒和第 4 秒设置"湍流置换（Turbulent Displace）"特效中"数量（Amount）"和"演化（Evolution）"关键帧参数，如图 12-80 所示。此时预览就可以看到文字扭曲的动画效果，如图 12-81 所示。

图 12-80　设置"数量（Amount）"和"演化（Evolution）"关键帧参数

图 12-81　文字扭曲的动画效果

20）为了使"青色火焰"图层与"logo.png"图层的扭曲变形同步，下面将"logo.png"图层的"湍流置换（Turbulent Displace）"特效复制给"logo.png"图层，再将其移动到 Saber 特效上方，如图 12-82 所示，此时预览动画效果如图 12-83 所示。

图 12-82　将"湍流置换"特效移动到 Saber 特效上方

图 12-83　预览动画效果

21）制作闪电光效 logo 从场景外飞入场景中央的效果。方法为：新建"场景"合成，然后将"光效"合成拖入"场景"合成。再单击 ⬛（三维图层）按钮，将"光效"图层转换为三维图层。接着分别在第 0 帧和第 1 秒设置"锚点（Anchor Point）"的关键帧参数，如图 12-84 所示。此时预览动画就可以看到第 0 帧到第 1 秒之间闪电 logo 从场景外飞入场景的效果，如图 12-85 所示。

22）为了增强运动过程中模糊的效果，下面在"时间线"窗口中打开 ⬛（动态模糊）开关，如图 12-86 所示。图 12-87 为第 6 帧时打开和关闭 ⬛（动态模糊）开关的效果比较。

23）制作 logo 的发光效果。方法为：选择"光效"图层，然后选择"效果（Effect）|风格化（Stylize）|发光（Glow）"命令，给它添加一个"发光（Glow）"特效，接着在"效果控件（Effect Controls）"面板中设置"发光（Glow）"参数如图 12-88 所示，效果如图 12-89 所示。

图 12-84　设置"锚点"的关键帧参数

图 12-85　闪电 logo 从场景外飞入场景的效果

图 12-86　打开 ⬤（动态模糊）开关

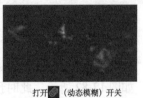

关闭 ⬤（动态模糊）开关　　　　打开 ⬤（动态模糊）开关

图 12-87　第 6 帧时打开和关闭 ⬤（动态模糊）开关的效果比较

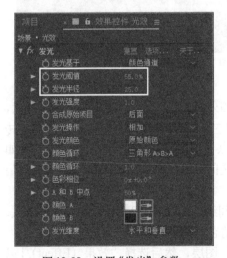

图 12-88　设置"发光"参数

图 12-89　调整"发光"参数后的效果

24）设置发光效果逐渐消失的效果。方法为：在第 3 秒 12 帧和第 4 秒分别设置"发光（Glow）"特效中"发光强度（Glow Intensity）"的关键帧参数，如图 12-90 所示。此时预览动画就可以看到在第 3 秒 12 帧到第 4 秒之间发光效果逐渐消失的效果，如图 12-91 所示。

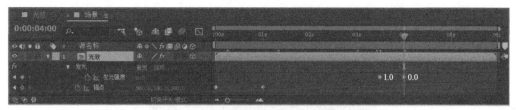

图 12-90   在第 3 秒 12 帧和第 4 秒分别设置"发光（Glow）"特效中"发光强度（Glow Intensity）"的关键帧参数

图 12-91   在第 3 秒 12 帧到第 4 秒之间发光效果逐渐消失的效果

2. 制作粒子背景效果

1）新建一个名称为"橙色粒子"，大小与合成等大的纯色层。然后将其移动到"光效"图层下方，如图 12-92 所示。然后选择"效果（Effect）|RG Trapcode|Particular"命令，给它添加一个 Particular 特效。

图 12-92   将"橙色粒子"图层移动到"光效"图层下方

2）在"特效控件（Effect Controls）"下"Particular"特效中单击 Designer... 按钮，然后在弹出的对话框中左侧选择"Moon Dust 粒子"，如图 12-93 所示，单击"Apply"按钮，效果如图 12-94 所示。

图 12-93   选择"Moon Dust 粒子"

图 12-94   将"橙色粒子"图层
移动到"光效"图层下方

3) 制作粒子从左下方往右上方运动的效果。方法为：在"特效控件（Effect Controls）"下"Particular"特效中将"Physics（Master）（物理学）"下的"Gravity（重力）"设置为0，将"Air（空气）"下的"Wind X"设置为150，"Wind Y"设置为-180，如图12-95所示。

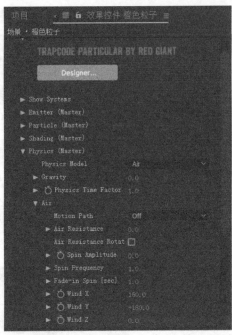

图12-95　设置"Gravity（重力）"和"Air（空气）"参数

4) 设置粒子的动态模糊效果。方法为：在"时间线"窗口中打开"橙色粒子"图层（动态模糊）开关，如图12-96所示。然后在"特效控件（Effect Controls）"下"Particular"特效中将"Motion Blur（动态模糊）"设置为On，如图12-97所示。

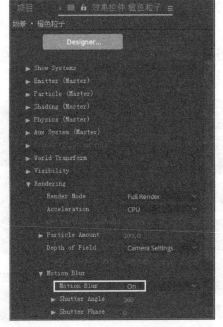

图12-96　打开"橙色粒子"图层（动态模糊）开关　　图12-97　将"Motion Blur（动态模糊）"设置为On

5）设置粒子的大小变化。方法为：将"Particular"特效中"Particle（Master）（粒子）"下的"Size（大小）"设置为 4，"Size Random（大小随机度）"设置为 100%，如图 12-98 所示，效果如图 12-99 所示。

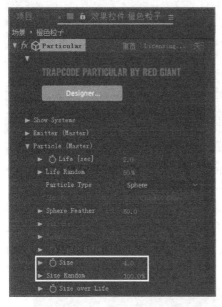

图 12-98　设置粒子的"Size（大小）"和　　　　　图 12-99　调整粒子的"Size（大小）"和"Size
"Size Random（大小随机度）"参数　　　　　　　Random（大小随机度）"参数后的效果

6）增加粒子的数量。方法为："Particular"特效中将"Emitter（Master）（发射器）"下的"Particles/sec（粒子/秒）"的数值设置为 200，如图 12-100 所示，效果如图 12-101 所示。

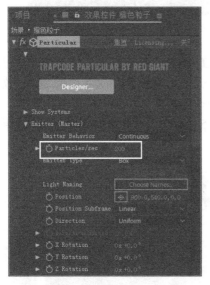

图 12-100　将"Particles/sec（粒　　　　　　图 12-101　将"Particles/sec（粒子/
子/秒）"的数值设置为 200　　　　　　　　　秒)"的数值设置为 200 后的效果

7) 此时粒子在接近标志时会不显示,这是因为图层混合模式的原因。下面选择"粒子"图层,然后将图层混合模式设置为"屏幕 (Screen)",如图 12-102 所示,效果如图 12-103 所示。

图 12-102 将"光效"图层的图层混合模式设置为"屏幕 (Screen)"

图 12-103 将"光效"图层的图层混合模式设置为"屏幕 (Screen)"后的效果

8) 将粒子颜色更改为橙黄色。方法为:选择"橙色粒子"图层,然后选择"效果 (Effect) | 生成 (Generate) | 填充 (Fill)"命令,给它添加一个"填充 (Fill)"特效。接着在"效果控件 (Effect Controls)"面板中将"颜色 (Color)"设置为一种橙黄色 (RGB (255, 120, 0)),如图 12-104 所示,效果如图 12-105 所示。

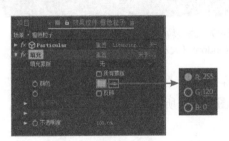

图 12-104 将"颜色 (Color)"设置为一种橙黄色 (RGB (255, 120, 0))

图 12-105 "橙色粒子"效果

9) 为了丰富画面效果,下面再在背景中添加一种青色粒子效果。方法为:选择"橙色粒子"图层,按〈Ctrl+D〉键复制出一个副本,并将其重命名为"青色粒子",如图 12-106 所示。接着在"效果控件 (Effect Controls)"面板中将"颜色 (Color)"设置为一种青色 (RGB (100, 255, 255)),如图 12-107 所示。最后将"青色粒子"图层的入点移动到第 5 帧的位置,如图 12-108 所示,效果如图 12-109 所示。

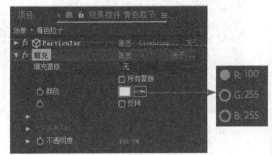

图 12-106 复制出"青色粒子"图层

图 12-107 将"颜色 (Color)"设置为一种青色 (RGB (100, 255, 255))

图 12-108　将"青色粒子"图层的入点移动到第 5 帧的位置

图 12-109　预览效果

10) 继续设置青色粒子参数,如图 12-110 所示,从而使青色粒子和橙色粒子形成错落有致的效果,如图 12-111 所示。

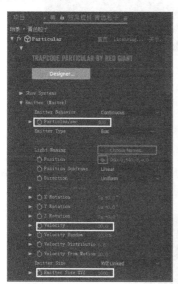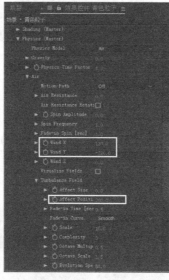

图 12-110　继续设置青色粒子参数

图 12-111　粒子错落有致的效果

11）至此，整个动画制作完毕。下面选择"文件（File）|保存（Save）"命令，将文件进行保存。然后选择"文件（File）|整理工程（文件）（Dependencies）|收集文件（Collect Files）"命令，将文件进行打包。

12.3 星星粒子片头效果

要点：

本例将制作一个星星粒子片头效果，如图12-112所示。通过本例的学习，读者应掌握"蒙版（Mask）""预合成（Pre-compose）""梯度渐变（Gradient Ramp）"特效，关键帧动画，图层混合模式，摄像机动画，以及外部插件Particular特效和"Optical Flares（光斑）"特效的应用。

图12-112　星星粒子片头效果

操作步骤：

1. 制作渐变背景

1）启动 After Effects CC 2018，选择"合成（Composition）|新建合成（New Composition）"命令，在弹出的"合成设置（Composition Settings）"对话框中设置参数，如图 12-113 所示，单击"确定"按钮，创建一个新的合成图像。

图 12-113　设置合成参数

2）新建一个名称为"背景"，大小与合成等大的纯色层。然后选择"效果（Effect）|生成（Generate）|梯度渐变（Gradient Ramp）"命令，然后在"效果控件（Effect Controls）"面板下"梯度渐变（Gradient Ramp）"特效中设置参数，如图 12-114 所示，效果如图 12-115 所示。

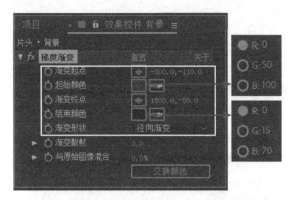

图 12-114　设置"梯度渐变（Gradient Ramp）"特效参数　　　　图 12-115　"梯度渐变"效果

3）此时背景右下方的暗部区域颜色有些单调，下面给它添加一些亮色。方法为：取消选择"背景"图层，然后选择工具栏中的 ■（矩形工具），将"填充"设置为一种青色（RGB（0，50，110）），"描边"设置为无色。再在合成窗口右侧绘制一个大矩形，如图 12-116 所示，此时"时间线"窗口会自动产生一个形状图层，如图 12-117 所示。

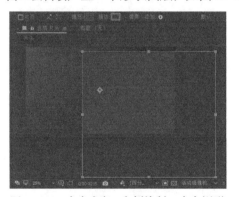

图 12-116　在合成窗口右侧绘制一个大矩形　　　　图 12-117　"时间线"窗口会自动产生一个形状图层

4）选择工具栏中的 ■（钢笔工具），并激活 ■（工具创建蒙版）按钮，然后绘制路径如图 12-118 所示。接着按〈F〉键，显示出"羽化蒙版"参数，再将数值设置为 600 像素，如图 12-119 所示，效果如图 12-120 所示。

2. 制作粒子效果

1）新建一个名称为"粒子"，大小与合成等大的纯色层。然后选择"效果（Effect）|RG Trapcode|Particular"命令，给它添加一个 Particular 特效，效果如图 12-121 所示。

2）增加粒子数量。方法为：在"效果控件（Effect Controls）"面板下"Particular"特效中，将"Emitter（Master）（发射器）"下的"Particles/sec（粒子/秒）"的数值设置为 1000，如图 12-122 所示，效果如图 12-123 所示。

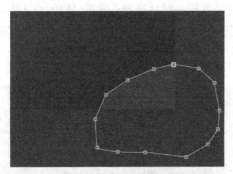

图 12-118　绘制路径

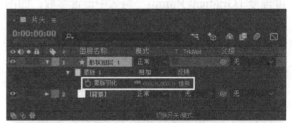

图 12-119　将"羽化蒙版"数值设置为 600 像素

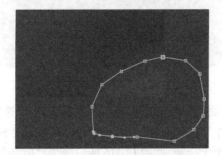

图 12-120　"羽化蒙版"效果

图 12-121　Particular 特效

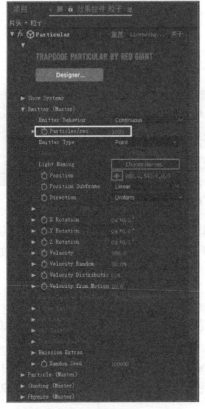

图 12-122　将"Particles/sec（粒
子 / 秒）"的数值设置为 1000

图 12-123　将"Particles/sec（粒子 /
秒）"的数值设置为 1000 后的效果

3）设置粒子的大小变化。方法为：将"Particular"特效中"Particle（Master）（粒子）"下的"Size（大小）"设置为 4，"Size Random（大小随机度）"设置为 100%，如图 12-124 所示，效果如图 12-125 所示。

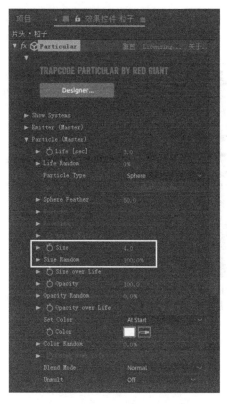

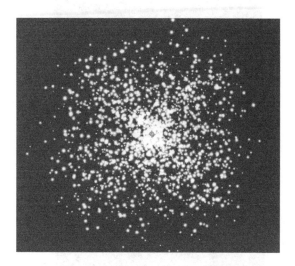

图 12-124　设置"Size（大小）"和"Size　　　　图 12-125　调整"Size（大小）"和"Size Ran-
Random（大小随机度）"参数　　　　　　　　　　dom（大小随机度）"参数后的效果

4）设置粒子的不透明度变化。方法为：将"Particular"特效中"Particle（Master）（粒子）"下的"Opacity Random（不透明度随机度）"设置为 75%，如图 12-126 所示，效果如图 12-127 所示。

5）制作粒子边缘锐利的效果。方法为：将"Particular"特效中"Particle（Master）（粒子）"下的"Sphere Feather（球形羽化值）"设置为 0，如图 12-128 所示，效果如图 12-129 所示。

6）此时播放动画会发现粒子是由一个点开始发射的，而我们需要的是粒子由球形发射。下面将"Emitter（Master）（发射器）"下的"Emitter Type（粒子类型）"设置为"Sphere（球形）"，如图 12-130 所示，效果如图 12-131 所示。

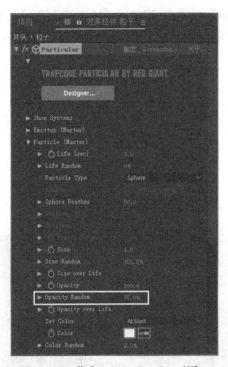

图 12-126　将 " Opacity Random (不透明度随机度)" 设置为 75%

图 12-127　将 "Opacity Random (不透明度随机度)" 设置为 75% 后的效果

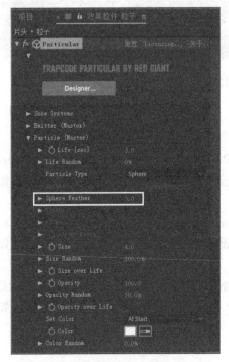

图 12-128　将 "Sphere Feather (球形羽化值)" 设置为 0

图 12-129　将 "Sphere Feather (球形羽化值)" 设置为 0 后的效果

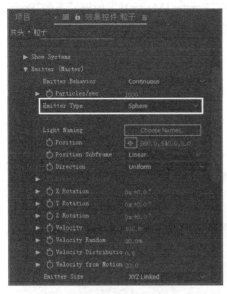

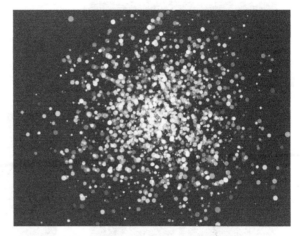

图 12-130　将"Emitter Type（粒子类型）"设置为"Sphere（球形）"

图 12-131　将"Emitter Type（粒子类型）"设置为"Sphere（球形）"后的效果

7）提高粒子的生命值。方法为：将"Particular"特效中"Particle（Master）（粒子）"下的"Life[sec]（粒子寿命）"设置为 15，"Life Random（生命随机度）"设置为 35%，如图 12-132 所示，效果如图 12-133 所示。

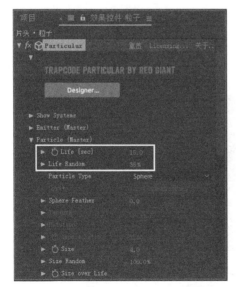

图 12-132　设置粒子生命值相关参数

图 12-133　调整粒子生命值相关参数后的效果

8)将粒子发射的位置设置为左上方。方法为：下面将"Emitter (Master)（发射器）"下的"Position （位置）"设置为（200，70，0），如图 12-134 所示，效果如图 12-135 所示。

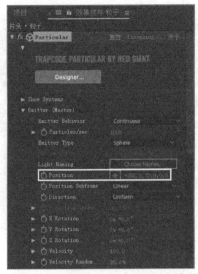

图 12-134　设置"Position（位置）"参数

图 12-135　调整"Position（位置）"参数后的效果

9) 此时粒子发射半径过小。下面将"Emitter (Master)（发射器）"下的"Velocity（速率）"设置为 800，如图 12-136 所示，效果如图 12-137 所示。

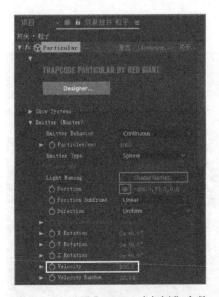

图 12-136　设置"Velocity（速率）"参数

图 12-137　调整"Velocity（速率）"参数后的效果

10) 此时播放动画会发现粒子是沿直线发射的，而我们需要的粒子发射方向是随机的。下面将"Physics（物理学）"下"Air（空气）"中的"Spin Amplitude（自旋振幅）"设置为 300，如图 12-138 所示，效果如图 12-139 所示。

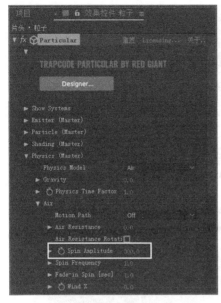

图 12-138 设置"Spin Amplitude（自旋振幅）"参数

图 12-139 调整"Spin Amplitude（自旋振幅）"参数后的效果

11）制作景深效果。方法为：新建"摄像机 1"图层，然后在弹出的"摄像机设置"对话框中勾选"启用景深"和"锁定到缩放"两个复选框，如图 12-140 所示，单击"确定"按钮。接着在"时间线"窗口中展开"摄像机选项"，将"光圈"设置为 300 像素，"模糊层次"设置为 150%，如图 12-141 所示，从而产生前面粒子清晰、后面粒子模糊的景深效果，如图 12-142 所示。

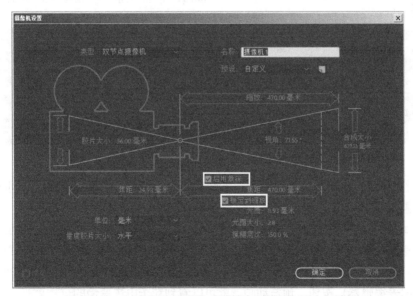

图 12-140 勾选"启用景深"和"锁定到缩放"两个复选框

图 12-141　设置"摄像机选项"参数

图 12-142　调整"摄像机选项"参数后的效果

12) 制作粒子刚开始速度很快、后面变缓慢的效果。方法为：选择"粒子"图层，然后在第 0 帧将"Physics（物理学）"下"Physics Time Factor（时间系数）"设置为 4，并记录关键帧，如图 12-143 所示，此时预览会发现粒子发射速度明显加快。接着将时间滑块移动到第 2 秒的位置，将"Physics Time Factor（时间系数）"设置为 0.2，如图 12-144 所示。此时预览就可以看到粒子刚开始速度很快、后面变缓慢的效果。

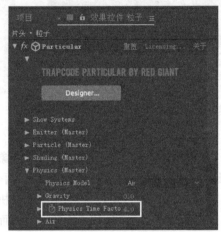

图 12-143　在第 0 帧将"Physics（物理学）"下"Physics Time Factor（时间系数）"设置为 4，并记录关键帧

图 12-144　设置"Physics Time Factor（时间系数）"的关键帧

13) 此时粒子由快变慢的过程很生硬，下面对其进行调整。方法为：在"时间线"窗口中框选两个关键帧，然后单击右键从弹出的快捷菜单中选择"关键帧辅助（Keyframe Assistant）｜缓动（Easy Ease）"（快捷键〈F9〉）命令，将它们转换为缓动关键帧。再单击"时间线"窗口上方的 ■（图表编辑器）按钮，接着在右侧显示出的图表中单击右键，从弹出的快捷菜单中选择"编辑值图表"命令，显示出编辑值图表，如图 12-145 所示。再调整曲线形状如图 12-146 所示。最后关闭 ■（图表编辑器）按钮，预览动画，就可以看到粒子由快变慢的过程就平顺了。

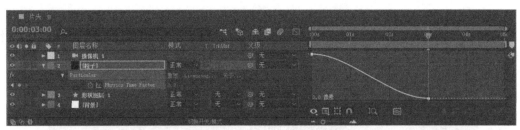

图 12-145 显示出编辑值图表

图 12-146 调整编辑值图表的曲线形状

14）制作粒子的闪烁效果。方法为：将 "Particular" 特效中 "Particle (Master)（粒子）" 下的 "Opacity over life（不透明度生命周期）" 中绘制高低起伏的线条，如图 12-147 所示。然后预览动画就可以看到粒子的闪烁效果。

15）为了增强画面动感，下面制作背景左上方随粒子发射而产生的颜色变化。方法为：选择"背景"图层，然后在"效果控件（Effect Controls）"面板下"梯度渐变（Gradient Ramp）"特效中记录第 0 帧"起始颜色（Start Color）"的关键帧，再在第 12 帧的位置，将"起始颜色（Start Color）"更改为一种亮一些的蓝色（RGB (0, 80, 150)），如图 12-148 所示。接着按〈U〉键，显示出"起始颜色（Start Color）"的关键帧，再选择第 0 帧的"起始颜色（Start Color）"的关键帧，按〈Ctrl+C〉键进行复制，最后将时间定位在第 1 秒的位置，按〈Ctrl+V〉键进行粘贴，从而将第 0 帧的"起始颜色（Start Color）"关键帧复制到第 1 秒的位置，如图 12-149 所示。此时预览就会看到第 0~1 秒间的左上方背景由暗变亮再变暗的效果。

图 12-147 绘制高低起伏的线条

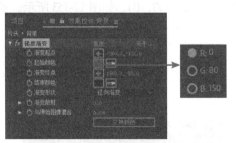

图 12-148 设置第 12 帧的"起始颜色"

图 12-149 将第 0 帧的关键帧复制到第 1 秒的位置

16) 制作摄像机推近动画。方法为：选择"摄像机 1"图层，然后按〈P〉键，显示出"位置 (Position)"关键帧，接着分别在第 0 帧和第 4 秒 24 帧记录并设置"位置 (Position)"关键帧参数，如图 12-150 所示。此时预览就会看到摄像机推近效果。

图 12-150　在第 0 帧和第 4 秒 24 帧记录并设置"位置 (Position)"关键帧参数

17) 制作摄像机旋转动画。方法为：按〈Shift+R〉键，从而在显示摄像机"位置 (Position)"参数的同时显示出"旋转 (Rotation)"参数。然后分别在第 0 帧和第 4 秒 24 帧记录并设置"X 轴旋转""Y 轴旋转"和"Z 轴旋转"关键帧参数，如图 12-151 所示。此时预览就会看到摄像机旋转效果。

图 12-151　在第 0 帧和第 4 秒 24 帧记录并设置"X\Y\Z 轴旋转"关键帧参数

18) 制作右下方的粒子效果。方法为:选择"粒子"图层，按〈Ctrl+D〉键复制出一个副本，然后将两个粒子图层分别重命名为"左上方粒子"和"右下方粒子"，如图 12-152 所示。接着选择"右下方粒子"图层，将"Particular"特效中"Emitter (Master)（发射器）"下的"Position（位置）"设置为（2700，1600，0），如图 12-153 所示，此时预览效果如图 12-154 所示。

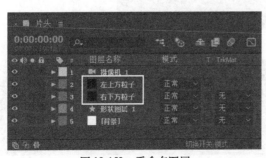

图 12-152　重命名图层

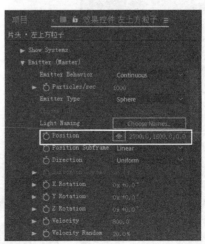

图 12-153　设置"右下方粒子"图层的中心点位置

图 12-154　预览效果

19) 制作右下方粒子逐渐显现的效果。方法为:选择"右下方粒子"图层,按〈T〉键,显示出"不透明度 (Opacity)"参数,然后分别在第 0 帧和第 2 秒 12 帧记录"不透明度 (Opacity)"关键帧并设置参数,如图 12-155 所示。此时预览就可以看到右下方粒子在第 0 帧到第 2 秒 12 帧之间逐渐显现的效果。

图 12-155　分别在第 0 帧和第 2 秒 12 帧记录"不透明度 (Opacity)"关键帧并设置参数

20) 制作宽屏电影效果。方法为:选择"图层 (Layer) | 新建 (New) | 纯色 (Solid)"命令,新建一个名称为"宽屏","宽度"和"高度"为 1920*800 像素的白色纯色层,如图 12-156 所示,单击"确定"按钮,效果如图 12-157 所示。然后将"宽屏"图层的图层混合模式设置为"模板 Alpha",如图 12-158 所示,效果如图 12-159 所示。

图 12-156　新建"宽屏"纯色层

图 12-157　新建"宽屏"纯色层的效果

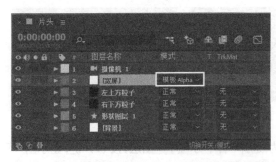

图 12-158　将"宽屏"图层的图层混合模式设置为"模板 Alpha"　　　　图 12-159　宽屏效果

3. 制作文字动画

1）新建一个名称为"文字动画"的合成图像。然后利用工具栏中的 **T** （横排文字工具）输入文字"AFTER EFFECTS"，并在"字符"面板中设置参数如图 12-160 所示。最后利用"对齐"面板将文字居中对齐，效果如图 12-161 所示。

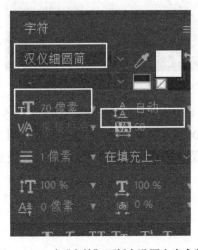

图 12-160　在"字符"面板中设置文字参数　　　　　　图 12-161　将文字居中对齐

2）将整体文字分离为单个字母。方法为：选择"AFTER EFFECTS"图层，如图 12-162 所示，然后选择"窗口 |Decompose Text"命令，在弹出的图 12-163 所示的对话框中单击 **Decompose** 按钮，此时整体文字会被分离为单个字母，并分别放置在不同图层上，同时原来的文字图层依然存在，只是处于不可见状态，如图 12-164 所示。

提示：Decompose Text脚本安装方法为：将网盘中的"源文件\第5部分 综合实例\第12章 影视广告片头和特效制作\12.3 星星粒子片头效果\ DecomposeText"复制到C:\Program Files\Adobe\Adobe After Effects CC 2018\Support Files\Scripts\ScriptUI Panels中，然后重新启动AE即可。

图 12-162　选择 "AFTER EFFECTS" 图层

图 12-163　单击 Decompose 按钮

图 12-164　整体文字会被分离为单个字母,并分别放置在不同图层上

3)制作文字由大变小推进到画面中央的效果。方法为:选择所有分离的字母图层,单击

⬡ (三维图层)按钮,将它们转换为三维图层。然后按〈P〉键,显示出"位置(Position)"关键帧,接着在第 2 秒的位置记录当前所有选择图层的"位置(Position)"关键帧,再将时间定位在第 0 帧的位置,将 z 的位置设置为 -700,如图 12-165 所示。此时预览,就可以看到文字由大变小推进到画面中央的效果,如图 12-166 所示。

4)制作文字推进过程中由快变慢的平顺效果。方法为:框选所有的"位置(Position)"关键帧,按〈F9〉键,将它们转换为缓动关键帧。然后单击"时间线"窗口上方的 📈 (图表编辑器)按钮,接着在右侧显示出的图表中单击右键,从弹出的快捷菜单中选择"编辑速度图表"命令,显示出编辑速度图表,如图 12-167 所示。再调整形状如图 12-168 所示。最后关闭 📈 (图表编辑器)按钮,预览动画,就可以看到文字推进过程中由快变慢的平顺效果。

图12-165   在第0帧的位置,将z的位置设置为-700

图12-166   文字由大变小推进到画面中央的效果

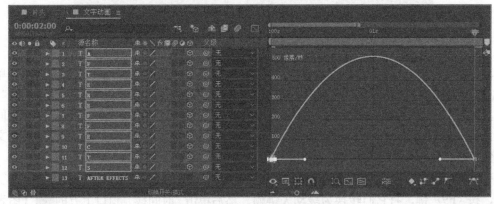

图12-167   显示出编辑速度图表

5) 给文字添加景深效果。方法为:新建"摄像机1"图层,然后在弹出的"摄像机设置"对话框中勾选"启用景深"和"锁定到缩放"两个复选框,如图12-169所示,单击"确定"按钮。接着在"时间线"窗口中展开"摄像机选项",将"光圈"设置为300像素,"模糊层次"设置为150%,如图12-170所示,此时预览就可以看到文字开始模糊、后来清晰的景深效果,如图12-171所示。

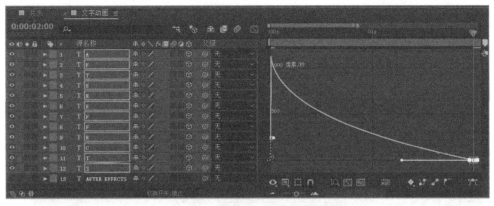

图 12-168　调整编辑速度图表的形状

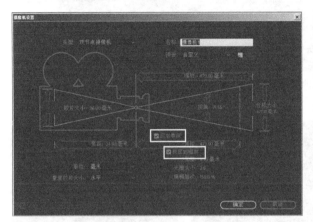

图 12-169　勾选"启用景深"和"锁定到缩放"两个复选框

图 12-170　设置"摄像机选项"相关参数

图 12-171　文字开始模糊、后来清晰的景深效果

6）制作文字逐渐显现的效果。方法为：选择所有分离出的单个字母图层，按〈T〉键，显示出"不透明度（Opacity）"关键帧，然后分别在第 0 帧和第 2 秒记录并设置"不透明度（Opacity）"关键帧，如图 12-172 所示。此时预览就可以看到文字在第 0 帧到第 2 秒之间逐渐显现的效果，如图 12-173 所示。

7）制作字母随机进入画面的效果。方法为：选择所有分离出的单个字母图层，然后选择"窗口|层层随机时间偏移"命令，在弹出的对话框中将"最小"设置为 0，"最大"设置为 15，如图 12-174 所示，单击"确定"按钮。此时"时间线"窗口中每个字母图层的入点就会出现变化，如图 12-175 所示。下面预览动画就可以看到文字随机进入画面的效果，如图 12-176 所示。

图 12-172　分别在第 0 帧和第 2 秒记录并设置"不透明度（Opacity）"关键帧

图 12-173　文字逐渐显现的效果

图 12-174　设置"层层随机时间偏移"参数　　　　　图 12-175　时间线分布

图 12-176　预览动画效果

提示：“层层随机时间偏移”脚本安装方法为：将网盘中的“源文件\第5部分 综合实例\第12章 影视广告片头和特效制作\12.3 星星粒子片头效果\ 层层随机时间偏移.Text”复制到C:\Program Files\Adobe\Adobe After Effects CC 2018\Support Files\Scripts\ScriptUI Panels中，然后重新启动AE即可。

8）将“文字动画”合成拖入“片头”合成中。

9）为了使文字和背景更好地融合，下面将“文字动画”图层的“不透明度（Opacity）”设置为80%，再将图层混合模式设置为“相加（Add）”，如图 12-177 所示，效果如图 12-178 所示。

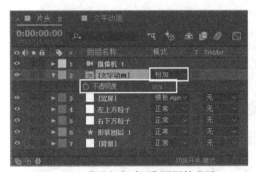

图 12-177　将“文字动画”图层的“不透明度（Opacity）”设置为80%，并将图层混合模式设置为“相加（Add）”

图 12-178　将“文字动画”图层的“不透明度（Opacity）”设置为80%，并将图层混合模式设置为“相加（Add）”后的效果

4. 制作文字下方从左往右移动的光斑动画

1）新建一个名称为“光斑”，大小与“片头”合成等大的纯色层。

2）选择“光晕”图层，然后选择“效果（Effect）|Video Copilot|Opitical Flares（光斑）”命令，给它添加一个“Opitical Flares（光斑）”特效，效果如图 12-179 所示。

3）在“效果控件（Effect Controls）”面板下“Opitical Flares（光斑）”特效中单击 Options 按钮，如图 12-180 所示。然后在弹出的对话框中单击右下方的“Streak（条纹）”，再在左侧单击 SOLO（单独）按钮，将它单独显示。接着再添加几个辅助光斑，也单独显示。最后将“Streak（条纹）”的“Length（长度）”设置为12，“Brightness（亮度）”设置为70，如图 12-181 所示，单击“OK”按钮。

图 12-179 "Opitical Flares (光斑)"效果

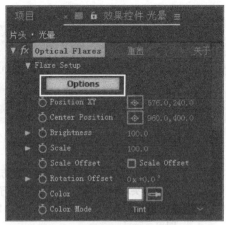

图 12-180 单击 Options 按钮

图 12-181 设置"Opitical Flares (光斑)"特效的参数

4) 此时看不到光斑以外的背景和文字，这是因为图层混合模式设置的原因，下面将"光晕"图层的图层混合模式设置为"屏幕 (Screen)"，如图 12-182 所示，然后再将光斑移动到字母 E 的下方，效果如图 12-183 所示。

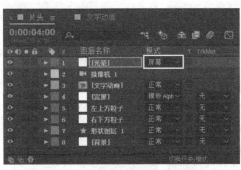

图 12-182　将"光晕"图层的图层混合模式设置为"屏幕 (Screen)"

图 12-183　将光斑移动到字母 E 的下方

5) 制作光斑从左往右的移动动画。方法为：分别在第 0 秒和第 4 秒 12 帧的位置记录"Opitical Flares (光斑)"特效的"Position XY (位置)"关键帧，并在第 4 秒 12 帧将光斑移动到右侧字母 E 的下方，如图 12-184 所示。

6) 制作光斑淡入淡出效果。方法为：分别在第 0 秒，第 2 秒、第 3 秒和第 4 秒 12 帧记录"Opitical Flares (光斑)"特效的"Brightness (亮度)"和"Scale (比例)"关键帧，然后将第 0 帧和第 4 秒 12 帧的

图 12-184　在第 4 秒将光斑移动到右侧字母 E 的下方

"Brightness (亮度)"和"Scale (比例)"关键帧的数值设置为 0，如图 12-185 所示。此时预览就可以看到光斑淡入淡出效果，如图 12-186 所示。

提示：此时光斑淡入淡出动画的关键帧设置是与文字出现相对应的。读者可以将"文字动画"图层的入点由0帧改为1秒，然后分别在第2秒、第2秒12帧、第4秒和第4秒12帧设置相应关键帧，也可以制作出相应效果。

图 12-185　插入"Brightness (亮度)"和"Scale (比例)"关键帧并设置数值

图 12-186　光斑淡入淡出效果

5. 制作镜头模糊效果

1）新建"调整图层 1"，然后选择"效果（Effect）｜模糊和锐化（Blur&Sharpen）｜摄像机镜头模糊（Camera Lens Blur）"命令,给它添加一个"摄像机镜头模糊（Camera Lens Blur）"特效。接着在"效果控件（Effect Controls）"面板下"摄像机镜头模糊（Camera Lens Blur）"特效中将"模糊半径（Blur Radius）"的数值设置为 25,并勾选"重复边缘像素（Repeat Edge Pixels）"复选框,如图 12-187 所示，效果如图 12-188 所示。

图 12-187　设置"摄像机镜头模糊（Camera Lens Blur）"参数

图 12-188　"摄像机镜头模糊（Camera Lens Blur）"效果

2）将"宽屏"图层移动到最上方，如图 12-189 所示，从而使"摄像机镜头-模糊（Camera Lens Blur）"特效对其不起作用，效果如图 12-190 所示。

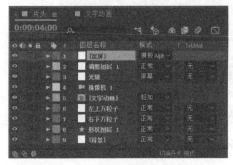

图 12-189　将"宽屏"图层移动到最上方

图 12-190　将"宽屏"图层移动到最上方后的效果

3) 在第 0 秒记录"摄像机镜头模糊 (Camera Lens Blur)"特效中"模糊半径 (Blur Radius)"的关键帧,然后按〈U〉键,显示出"模糊半径 (Blur Radius)"的关键帧。再在第 1 秒,将"模糊半径 (Blur Radius)"的数值设置为 0。接着框选两个关键帧,按〈F9〉键,将它们转换为缓动关键帧,如图 12-191 所示。

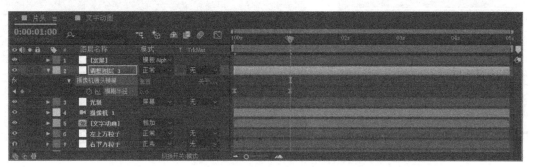

图 12-191　设置"模糊半径"的关键帧并将它们转换为缓动关键帧

4) 将第 0 秒"模糊半径"的关键帧复制到第 4 秒 24 帧,然后将第 1 帧"模糊半径"的关键帧复制到第 4 秒,如图 12-192 所示。此时预览效果如图 12-193 所示。

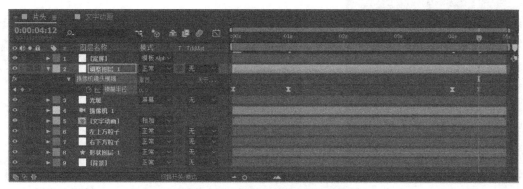

图 12-192　复制"模糊半径"关键帧

图 12-193　预览效果

6. 制作粒子的星光效果

1) 选择"左上方粒子"图层,然后选择"效果 |RG Trapcode|Starglow (星光)"命令,给它添加一个"Starglow (星光)"特效。接着在"效果控件 (Effect Controls)"面板下"Starglow (星光)"特效中将"Preset (预设)"设置为"White X",如图 12-194 所示,此时就产生了四角星光效果,如图 12-195 所示。

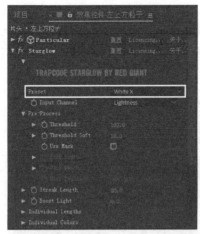

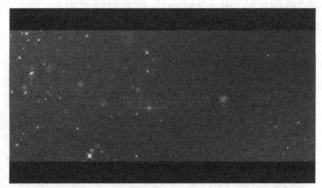

图 12-194　将"Preset（预设）"设置为"White X"　图 12-195　将"Preset（预设）"设置为"White X"后的效果

　　2）减小星光影响范围。方法为：将"Starglow（星光）"特效中"Streak Length（条纹长度）"设置为 7.0，再将"Threshold（阈值）"设置为 200.0，如图 12-196 所示，效果如图 12-197 所示。

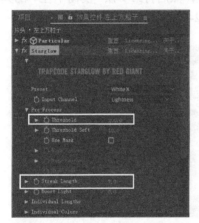

图 12-196　设置"Streak Length（条纹
长度）"和"Threshold（阈值）"参数

图 12-197　调整"Streak Length（条纹长度）"
和"Threshold（阈值）"参数后的效果

　　3）将"左上方粒子"图层的"Starglow（星光）"特效复制给"右下方粒子"图层。

　　4）至此，整个动画制作完毕。下面选择"文件（File）|保存（Save）"命令，将文件进行保存。然后选择"文件（File）|整理工程（文件）(Dependencies)|收集文件（Collect Files）"命令，将文件进行打包。

12.4　飞火流星传送效果

要点：

　　本例将制作人物消失的飞火流星传送效果，如图12-198所示。通过本例的学习，读者应掌握"拆分图层（Split Layer）"命令，关键帧动画，"蒙版（Mask）""预合成（Pre-compose）""快速方框模糊（Fast Box Blur）""置换图（Displacement Map）""发光（Glow）""残影（Echo）""Optical

Flares（光斑）"特效以及"CC Particle World（CC粒子仿真世界）"特效的应用。

图 12-198　飞火流星传送效果

操作步骤：

1. 人物进入画面做完动作后逐渐消失的效果

1）启动 After Effects CC 2018，然后选择"文件（File）|导入（Import）|文件（File）"命令，导入网盘中的"源文件\第 5 部分 综合实例\第 12 章 影视广告片头和特效制作\12.4 飞火流星传送效果\（素材）\ 素材 .mp4"素材。

2）选择"合成（Composition）|新建合成（New Composition）"命令，然后在弹出的"合成设置（Composition Settings）"对话框中将"合成名称（Composition Name）"设置为"传送效果"，"预设（Preset）"设置为 HDTV 1080 25，"持续时间（Duration）"设置为 9 秒，如图 12-199 所示，单击"确定"按钮，完成设置。

图 12-199　设置合成参数

3）将空镜头画面和人物相关画面进行分离。方法为：将"项目（Project）"窗口中的"素材 .mp4"拖入"时间线"窗口，然后将时间滑块定位在第 1 帧的位置，选择"编辑（Edit）|拆分图层（Split Layer）"（〈Ctrl+Shift+D〉键）命令，以第 1 帧为切割点，将"素材 .mp4"分为两个图层。接着将分割后的图层分别命名为"人物"和"空镜头"，如图 12-200 所示。

图 12-200 将分割后的图层分别命名为"人物"和"空镜头"

4) 将"人物"图层的入点拖动到第 0 帧，然后选择"空镜头"图层，选择"图层 (Layer) | 时间 (Time) | 冻结帧 (Toggle hold Keyframe)"命令，将该帧画面进行冻结。接着将其入点拖动到第 4 秒 20 帧的位置，再将该图层长度延长到第 9 秒，此时"时间线"窗口如图 12-201 所示。

提示："冻结帧 (Toggle hold Keyframe)"命令可以将选定图层在当前时间滑块所在的帧画面进行定格，这是在制作特效时十分有用的功能。

图 12-201 时间线分布

5) 制作人物进入画面做完动作后逐渐消失的效果。方法为：选择"人物"图层，然后按〈T〉键，显示出"透明度"参数，然后在第 4 秒 19 帧将"透明度 (Opacity)"设置为 100%，并记录关键帧。接着在第 5 秒 4 帧的位置将"透明度 (Opacity)"设置为 0%，如图 12-202 所示。此时在"预览"面板中单击▶ (播放) 按钮，预览动画，即可看到人物进入画面做完动作后逐渐消失的效果，如图 12-203 所示。

图 12-202 设置"人物"图层的透明度参数

图 12-203 人物做完动作后逐渐消失的效果

2. 制作飞火流星效果

1) 新建名称为"粒子"的黑色纯色层，然后选择"效果 (Effect) | 模拟 (Simulation) |CC Particular World (CC 粒子仿真世界)"命令，给它添加一个"CC Particular World（CC 粒子仿真世界）"特效。然后为了便于观看效果，下面打开该图层 （独奏）按钮，如图 12-204 所示，单独显示该图层效果，效果如图 12-205 所示。

图 12-204　单独显示"粒子"图层的效果　　图 12-205　"CC Particular World(CC 粒子仿真世界)"的效果

2) 将粒子改为衰减球状。方法为：在"特效控件 (Effect Controls)"面板中调整"CC Particle World (CC 粒子仿真世界)"特效的参数，将"Particle (粒子)"下的"Particle Type (粒子类型)"设置为"Faded Sphere (衰减球状)"，然后将"Birth Size (生长大小)"设置为 0.1，"Death Size (消逝大小)"设置为 0.1，"Max Opacity (最大透明度)"设置为 100%，如图 12-206 所示，效果如图 12-207 所示。

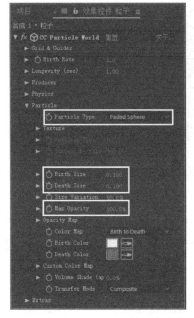

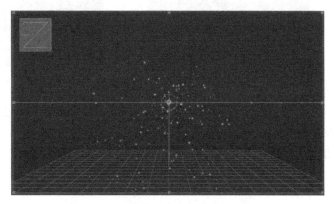

图 12-206　设置"Particle (粒子)"参数　　　　　图 12-207　将粒子改为衰减球状的效果

3）将粒子设置为水平旋转扭曲效果。方法为：将"Physics（物理学）"下的"Animation（动画）"设置为"Twirly（旋转扭曲）"，然后将"Gravity（重力）"设置为 0，如图 12-208 所示，效果如图 12-209 所示。

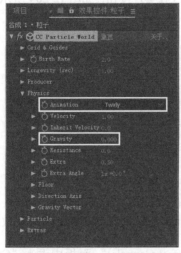

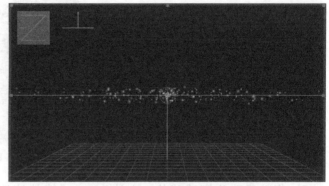

图 12-208　设置"Physics（物理学）"参数　　　　图 12-209　粒子水平旋转扭曲效果

4）此时粒子范围过大，下面将"Physics（物理学）"下的"Velocity（速率）"减小为 -0.25，从而减少粒子的范围如图 12-210 所示，效果如图 12-211 所示。

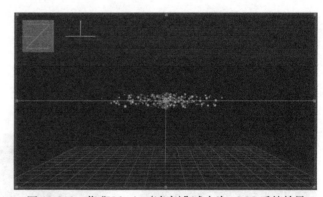

图 12-210　将"Velocity（速率）"减小为 -0.25　　图 12-211　将"Velocity（速率）"减小为 -0.25 后的效果

5）设置粒子 X 轴和 Y 轴半径。方法为：将"Producer（生产地）"下的"Radius X（X 轴半径）"设置为 0.025，"Radius Y（Y 轴半径）"设置为 0.3，如图 12-212 所示。然后关闭"粒子"图层的 ⬤（独奏）按钮，显示出完整效果，如图 12-213 所示。

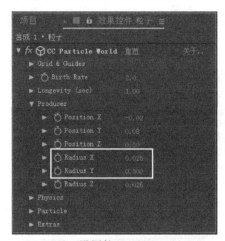

图12-212　设置粒子X轴和Y轴半径

图 12-213　显示出完整效果

6）向下移动粒子中心点的位置，使粒子覆盖人物全身，如图 12-214 所示。

7）为了增强透视感，下面给粒子添加一个地面。方法为：将"Physics（物理学）"下的"Floor（地面）"中的"Floor Position（地面位置）"设置为 0.23，"Floor Action（地面动作）"设置为"Ice（结冰）"，如图 12-215 所示，此时粒子在地面位置有种被凝固的感觉，效果如图 12-216 所示。

图 12-214　向下移动粒子中心点的位置

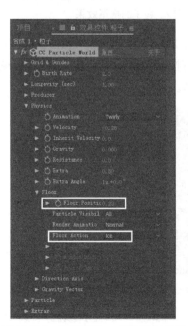

图 12-215　设置"Floor（地面）"参数

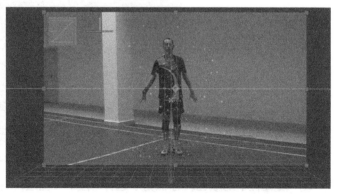

图 12-216　调整"Floor（地面）"参数后的效果

8）在"时间线"窗口中将"粒子"图层的入点移动到第 4 秒 20 帧，也就是人物做完动作的位置，如图 12-217 所示。

图 12-217　入点移动到第 4 秒 20 帧

9）制作粒子的拖尾效果。方法为：选择"粒子"图层，然后选择"效果（Effect）｜时间（Time）｜残影（Echo）"命令，给它添加一个"残影（Echo）"特效，接着在"特效控件（Effect Controls）"面板中设置"残影（Echo）"参数如图 12-218 所示，效果如图 12-219 所示。

图 12-218　设置"残影"参数

图 12-219　粒子的拖尾效果

10）设置粒子消失动画。方法为：选择"粒子"图层，然后在第 5 秒 07 帧将"Birth Rate（生长速度）"设置为 2.0，并记录关键帧，如图 12-220 所示。接着按〈PageDown〉键向后移动一帧，也就是第 5 秒 08 帧，将"Birth Rate（生长速度）"设置为 0.0。

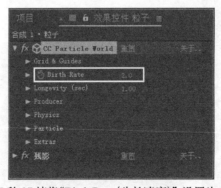

图 12-220　在第 5 秒 07 帧将"Birth Rate（生长速度）"设置为 2.0，并记录关键帧

11）设置粒子的颜色。方法为：选择"粒子"图层，将"Birth Color（生长颜色）"设置为一种橙黄色（RGB（170，85，45）），"DeathColor（消逝颜色）"设置为一种橘红色（RGB（200，90，40）），如图 12-221 所示，效果如图 12-222 所示。

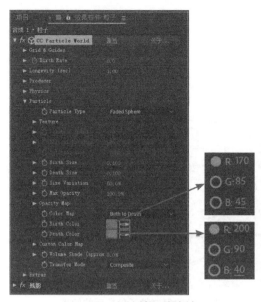

图 12-221　设置粒子的颜色

图 12-222　设置粒子颜色后的效果

12）制作粒子的发光效果。方法为：选择"粒子"图层，然后选择"效果（Effect）｜风格化（Stylize）｜发光（Glow）"命令，给它添加一个"发光（Glow）"特效，接着在"效果控件（Effect Controls）"面板中设置"发光（Glow）"参数如图 12-223 所示，效果如图 12-224 所示。

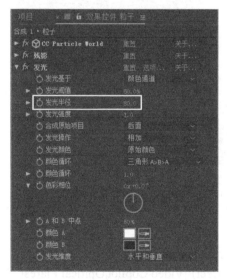

图 12-223　设置粒子的发光参数

图 12-224　设置粒子发光参数后的效果

13）为了增强效果，下面选择"粒子"图层，按〈Ctrl+D〉键，复制出一个副本，然后将"CC Particle World（CC 粒子仿真世界）"特效中的"Particle（粒子）"下的"Particle Type（粒子类型）"设置为 Line（线形），将"Physics（物理学）"下的"Velocity（速率）"设置为 -0.7，如图 12-225 所示，效果如图 12-226 所示。

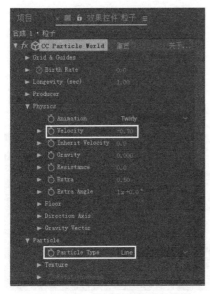

图 12-225　设置复制粒子的参数

图 12-226　设置复制粒子参数后的效果

14）将复制的"粒子"图层的图层混合模式设置为"相加（Add）"，如图 12-227 所示，再将"发光（Glow）"特效的"发光阈值（Glow Threshold）"设置为 35%，效果如图 12-228 所示。

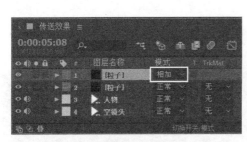

图 12-227　将复制的"粒子"图层的
图层混合模式设置为"相加"

图 12-228　调整"发光"特效
的"发光阈值"参数后的效果

3. 制作人物双手交叉后的光斑落地效果

1）为了便于观看光斑效果，下面暂时关闭两个"粒子"图层的显示。

2）新建一个名称为"光斑"的纯色层，再选择"效果（Effect）|Video Copilot|Opitical Flares（光斑）"命令，给它添加一个"Opitical Flares（光斑）"特效，如图 12-229 所示。

3）在"效果控件（Effect Controls）"面板下"Optical Flares（光斑）"特效中单击 **Options** 按钮，然后在弹出的对话框中单击右下方的"Glow（辉光）"和"Streak（条纹）"两个光斑，然后在左下方分别单击 **SOLO** （单独）按钮，将它们单独显示，如图 12-230 所示。接着将"Glow（辉光）"的"Brightness（亮度）"设置为 95，如图 12-231 所示。再将"Streak（条纹）"的"Brightness（亮度）"设置为 50，"Length（长度）"设置为 8.5，如图 12-232 所示，单击"OK"按钮。

图 12-229　给"光斑"图层添加一个"Optical Flares（光斑）"特效

图 12-230　将"Glow（辉光）"和
"Streak（条纹）"两个光斑单独显示

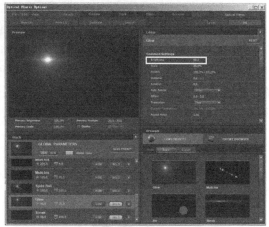

图 12-231　将"Glow（辉光）"的
"Brightness（亮度）"设置为 95

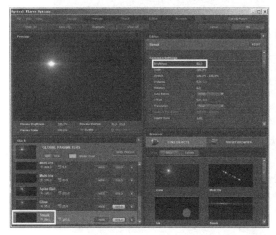

图 12-232　设置"Streak（条纹）"参数

4) 在"效果控件 (Effect Controls)"面板下"Optical Flares (光斑)"特效中将"Scale (比例)"设置为 40,"Color (颜色)"设置为一种橙黄色 (RGB (200, 90, 40)),然后将"光晕"图层的图层混合模式设置为"相加 (Add)",再在第 4 秒 09 帧将光斑移动到人物双手交叉处,如图 12-233 所示。

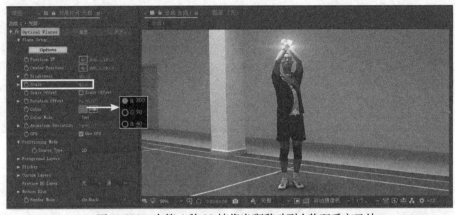

图 12-233　在第 4 秒 09 帧将光斑移动到人物双手交叉处

5) 制作光斑下落动画。方法为:在第 4 秒 09 帧,记录"Optical Flares (光斑)"特效中的"Position XY (位置 XY)"的关键帧。然后分别将时间定位在第 4 秒 14 帧、第 4 秒 16 帧、第 4 秒 18 帧和第 4 秒 19 帧,调整光斑的位置,如图 12-234 所示。

第 4 秒 14 帧

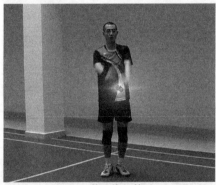

第 4 秒 16 帧

第 4 秒 18 帧

第 4 秒 19 帧

图 12-234　光斑下落动画

6）制作光斑开始逐渐显现，当到达地面后加亮再消失的效果。方法为：在第 4 秒 07 帧，记录"Optical Flares（光斑）"特效中的"Brightness（亮度）"的关键帧，并将数值设置为 0，然后分别在第 4 秒 09 帧、第 4 秒 18 帧、第 4 秒 19 帧和第 4 秒 20 帧，再插入 4 个关键帧，并将"Brightness（亮度）"的数值依次设置为 100、100、200、0，如图 12-235 所示。

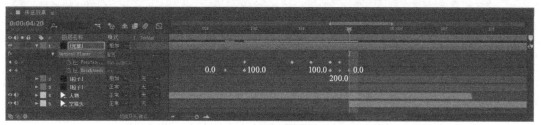

图 12-235　插入"Brightness（亮度）"的关键帧并设置参数

4. 制作地面被照亮的效果

1）新建一个名称为"照亮"的纯色层，并将其颜色设置为一种土黄色（RGB（160，150，110）），然后利用工具箱中的 ■（椭圆工具）在人物脚下位置绘制一个椭圆，如图 12-236 所示。

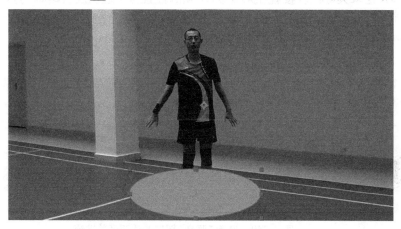

图 12-236　绘制椭圆

2）按〈F〉键，显示出"羽化蒙版（Mask Feather）"属性，然后将"蒙版羽化（Mask Feather）"数值设置为（760，170），将"图层混合模式"设置为"颜色减淡（Color Dodge）"，如图 12-237 所示，效果如图 12-238 所示。

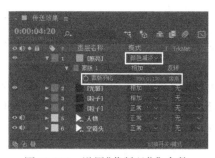

图 12-237　设置"蒙版羽化"参数

图 12-238　调整"蒙版羽化"参数后的效果

3) 将"照亮"图层的入点移动到和"粒子"图层入点一致的位置，也就是第 4 秒 20 帧，如图 12-239 所示。

图 12-239　将"照亮"图层的入点移动到第 4 秒 20 帧

4) 制作照亮效果在光斑落地后出现，在飞火流星消失后也消失的效果。方法为：选择"照亮"图层，按〈T〉键，显示出"透明度（Opacity）"参数，然后在第 6 秒 04 帧将"透明度（Opacity）"设置为 100%，并记录关键帧。接着在第 6 秒 17 帧的位置将"透明度（Opacity）"设置为 0%，如图 12-240 所示。此时在"预览（Preview）"面板中单击▶（播放）按钮，预览动画，即可照亮效果在光斑落地后出现，在飞火流星消失后也消失的效果。

图 12-240　设置"照亮"图层的透明度关键帧

5. 制作作为空气波动效果的置换图

这部分特效我们通过两种方法来制作。

方法一：

1) 选择"图层（Layer）| 新建（New）| 纯色（Solid）"命令，新建一个白色纯色层，并设置参数如图 12-241 所示，单击"确定"按钮。然后双击工具箱中的◯（椭圆工具），从而根据白色纯色层创建一个圆形蒙版，如图 12-242 所示。

2) 选择"白色 纯色 1"图层的"蒙版 1"，按〈Ctrl+D〉键，复制出"蒙版 2"，然后将"蒙版 2"的混合模式设置为"相减（Subtract）"，在将"蒙版扩展（Mask Expansion）"的数值设置为 -50，如图 12-243 所示，从而得到一个白色圆环，如图 12-244 所示。

图 12-241　设置纯色层参数

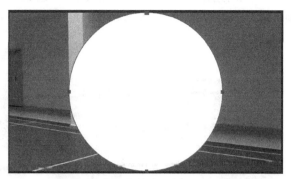

图 12-242　根据白色纯色层创建一个圆形蒙版

图 12-243　设置"蒙版 2"

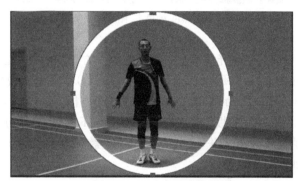

图 12-244　白色圆环效果

3）制作光波扩展动画。方法为：将白色圆环的中心点移动到人的脚步，也就是光斑落地的位置。然后按〈S〉键，显示出"缩放（Scale）"参数。接着在第 4 秒 19 帧，将"缩放（Scale）"的数值设置为 0%，并记录关键帧，再将时间定位在第 5 秒 10 帧的位置，将"缩放（Scale）"的数值设置为 290%（放大到屏幕外），此时"时间线"窗口如图 12-245 所示。

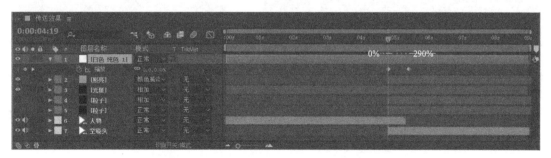

图 12-245　设置"白色 纯色 1"图层的"缩放"参数

4) 新建一个与合成等大的"黑色 纯色 1"图层,然后将其移动到"白色 纯色 1"图层下方作为白色圆环背景,如图 12-246 所示。

5) 同时选择"黑色 纯色 1"图层和"白色 纯色 1"图层,按〈Ctrl+Shift+C〉键,生成一个预合成,并设置"预合成(Pre-compose)"参数如图 12-247 所示,单击"确定"按钮。

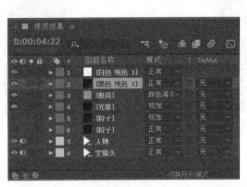

图 12-246 新建"黑色 纯色 1"图层并调整位置

图 12-247 生成"光波动画"预合成

6) 制作光波动画的模糊效果。方法为:在"光波动画"合成中新建"调整图层 1"图层,如图 12-248 所示,选择"效果(Effect)|模糊和锐化(Blur& Sharpen)|快速方框模糊(Fast Box Blur)"命令,给它添加一个"快速方框模糊(Fast Box Blur)"特效。接着在"效果控件(Effect Controls)"面板下将"快速方框模糊(Fast Box Blur)"特效的"模糊半径(Blur Radius)"的数值设置为 40,并勾选"重复边缘像素(Repeat Edge Pixels)"复选框,如图 12-249 所示,效果如图 12-250 所示。

提示:此时一定要勾选"重复边缘像素(Repeat Edge Pixels)"复选框,否则在合成窗口中单击下方的 ▦ (切换透明网格)按钮,显示出透明背景,会发现图像四周边缘会产生空隙的错误,如图12-251所示。

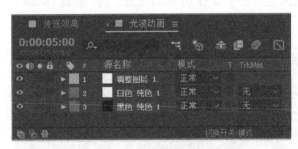

图 12-248 新建"调整图层 1"图层

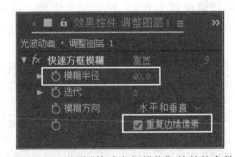

图 12-249 设置"快速方框模糊"特效的参数

图 12-250　快速方框模糊效果

图 12-251　四周边缘产生了空隙

7）回到"传送效果"合成中，然后隐藏"光波动画"图层。

方法二：

1）选择"合成|新建合成"命令，然后在弹出的"合成设置"对话框中将"合成名称"设置为"光波动画"，"预设"设置为 HDTV 1080 25，"持续时间"设置为 9 秒，如图 12-252 所示，单击"确定"按钮，完成设置。

图 12-252　生成"光波动画"预合成

2）新建一个与合成等大的白色纯色层，然后选择"效果（Effect）|生成（Generate）|圆形（Circle）"命令，给它添加一个"圆形（Circle）"特效。然后在"效果控件（Effect Controls）"面板下将"圆形（Circle）"特效的"边缘（Edge）"设置为"厚度＋半径（Thickness+Radius）"，如图 12-253 所示，效果如图 12-254 所示。

3）选择"白色 纯色 1"图层，按〈P〉键，显示出"位置"属性，然后将"位置（Position）"数值设置为（936，900），如图 12-255 所示，将圆形向下移动，移动到光斑落地位置，如图 12-256 所示。

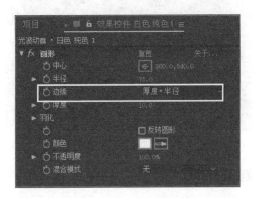

图12-253　将"边缘"设置为"厚度+半径"

图12-254　"圆形"特效效果

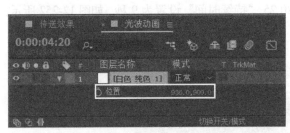

图12-255　将圆形向下移动到光斑落地位置

图12-256　将圆形向下移动到
光斑落地位置后的效果

提示：此时可以调出标尺（快捷键〈Ctrl+R〉），然后在"传送效果"合成中第4秒19帧拉出水平和垂直
　　　参考线，如图12-257所示，然后在"光波动画"合成中拉出同样位置的参考线来准确定位光斑落
　　　地位置，如图12-258所示。

图12-257　第4秒19帧拉出水平和垂直参考线

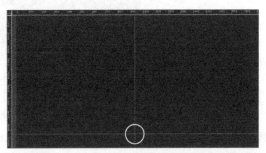

图12-258　利用参考线来准确定位光斑落地位置

4）按在〈S〉键，调出"白色 纯色1"图层的"缩放（Scale）"属性，然后在第4秒19帧将
"缩放（Scale）"数值设置为0%，并记录关键帧。接着将时间定位在第5秒10帧的位置，将"缩
放（Scale）"数值设置为2500%（也就是放大到屏幕外），如图12-259所示。

图 12-259　设置"白色 纯色 1"图层的"缩放"属性

5) 对圆形进行模糊处理。方法为：选择"效果 (Effect) | 模糊和锐化 (Blur & Sharpen) | 快速方框模糊 (Fast Box Blur)"命令，给它添加一个"快速方框模糊 (Fast Box Blur)"特效，然后在"效果控件 (Effect Controls)"面板下将"快速方框模糊 (Fast Box Blur)"特效的"模糊半径 (Blur Radius)"设置为 5.0，如图 12-260 所示，效果如图 12-261 所示。

图 12-260　将"模糊半径"设置为 5.0

图 12-261　快速方框模糊效果

6) 回到"传送效果"合成中，然后将"光波动画"合成拖入"传送效果"合成中，再隐藏"光波动画"图层，如图 12-262 所示。

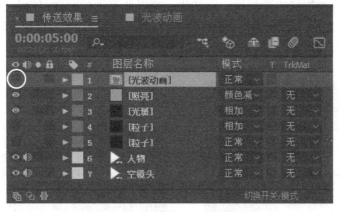

图 12-262　隐藏"光波动画"图层

6. 制作光斑落地后产生的空气波动效果

1) 新建"调整图层 2"图层，如图 12-263 所示。接着选择"效果 (Effect) | 扭曲 (Distort) | 置换图 (Displacement Map)"命令，再在"效果控件 (Effect Controls)"面板中设置"置换图 (Displacement Map)"特效参数如图 12-264 所示。此时在"预览 (Preview)"面板中单击▶ (播放) 按钮，预览动画，即可看到在第 4 秒 20 帧到第 5 秒 10 帧之间的空气波动动画，如图 12-265 所示。

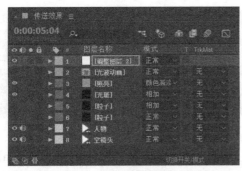

图 12-263　新建"调整图层 2"图层

图 12-264　设置"置换图"特效参数

图 12-265　在第 4 秒 20 帧到第 5 秒 10 帧之间的空气波动动画

2) 重新显现两个"粒子"图层，如图 12-267 所示。

3) 此时由于"置换图（Displacement Map）"特效的原因，视频边缘会出现一些黑边。下面通过放大图像的方法去除黑边。方法为：选择所有图层，按〈Ctrl+Shift+C〉键，生成一个"预合成 1"图层。然后双击"预合成 1"图层进入编辑状态，再按〈S〉键，显示出"缩放（Scale）"参数，再将数值设置为 103%，如图 12-267 所示。

图 12-266　重新显现两个"粒子"图层

图 12-267　将"缩放"数值设置为 103%

4) 至此，整个动画制作完毕。下面选择"文件（File）|保存（Save）"命令，将文件进行保存。然后选择"文件（File）|整理工程（文件）（Dependencies）|收集文件（Collect Files）"命令，将文件进行打包。

12.5 课后练习

1. 制作逐个字母飞入动画，如图 12-268 所示。参数可参考网盘中的"源文件\第 5 部分 综合实例\第 12 章 影视广告片头和特效制作\12.5 课后练习\练习 1\练习 1.aep"文件。

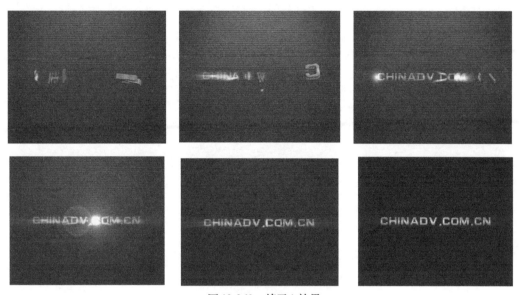

图 12-268 练习 1 效果

2. 制作彩色粒子生成图像效果。参数可参考网盘中的"源文件\第 5 部分 综合实例\第 12 章 影视广告片头和特效制作\12.5 课后练习\练习 2\练习 2.aep"文件。